Basiskompetenzen – Checkliste

	Basiskompetenz	
Zahlvorstellung	Ich kann vorwärts und rückwärts bis 1 000/1 000 000 zählen.	
	Ich kann Zahlen in Beziehung zu anderen Zahlen setzen.	
	Ich kann Zahlen am Zahlenstrahl darstellen und ablesen.	
	Ich kann Zahlen mit Bild, Wort und Zahlzeichen darstellen.	
	Ich kann Zahlen vergleichen und ordnen.	
Stellenwerte	Ich verstehe, was die einzelnen Stellenwerte bedeuten.	
	Ich verstehe die Darstellung von Tausender, Hunderter, Zehner und Einer.	
	Ich kann zehn Einer, Zehner, Hunderter, Tausender... zum Nächstgrößeren bündeln.	
	Ich weiß, welcher Teil im Zahlwort was bedeutet.	
	Ich kann Zahlen in ihre einzelnen Stellen zerlegen.	
	Ich verstehe die Bedeutung der verschiedenen Zahlwerte.	
Addition	Ich kenne die Grundvorstellungen Hinzufügen und Zusammenfassen.	
	Ich kann Additionsaufgaben in Sachkontexten finden und umgekehrt.	
	Ich kann Additionsaufgaben auf verschiedenen Wegen lösen.	
	Ich kann mich für einen sinnvollen Rechenweg entscheiden.	
Subtraktion	Ich kenne die Grundvorstellungen Wegnehmen und Vergleichen.	
	Ich kann Subtraktionsaufgaben in Sachkontexten finden und umgekehrt.	
	Ich kann Subtraktionsaufgaben auf verschiedenen Wegen lösen.	
	Ich kann mich für einen sinnvollen Rechenweg entscheiden.	
Multiplikation	Ich habe Grundvorstellungen zur Multiplikation.	
	Ich kann Multiplikationsaufgaben in Sachkontexten finden und umgekehrt.	
	Ich kann Multiplikationsaufgaben auf verschiedenen Wegen lösen.	
	Ich kann mich für einen sinnvollen Rechenweg entscheiden.	
Division	Ich kenne die Grundvorstellungen Verteilen und Aufteilen.	
	Ich kann Divisionsaufgaben in Sachkontexten finden und umgekehrt.	
	Ich kann Multiplikationsaufgaben auf verschiedenen Wegen lösen.	
	Ich kann mich für einen sinnvollen Rechenweg entscheiden.	

Mathe verstehen mit dem richtigen Material

Mit Obst, Stiften oder Geld kannst du mathematische Ideen veranschaulichen.
In diesem Heft nutzen wir noch weitere Hilfsmittel.
Hier hast du einen Überblick.

Punktefelder und Plättchen

Plättchen

Das kannst du hiermit gut erkennen:
- Wie du Mengen vergleichst.
- Wie du 5er- und 10er-Bündel schnell siehst.
- Wie du Teile einer Zahl gut erkennst: Bei 100 kann man immer gut die 25 sehen.
- Wie du Multiplikations- und Divisionaufgaben darstellen kannst.

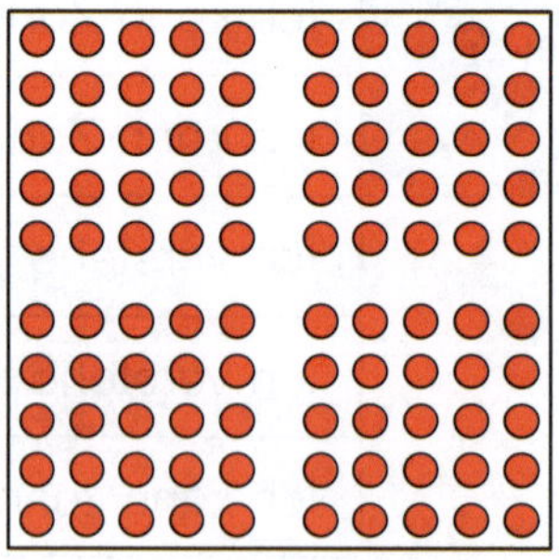
100-er Feld

Achtung!
Plättchen tauchen im Heft nicht auf. Sie sind für kleinere Zahlen. Aber: 100er-Feld und 400er-Feld folgen der Idee von Plättchen, nur für größere Zahlen.

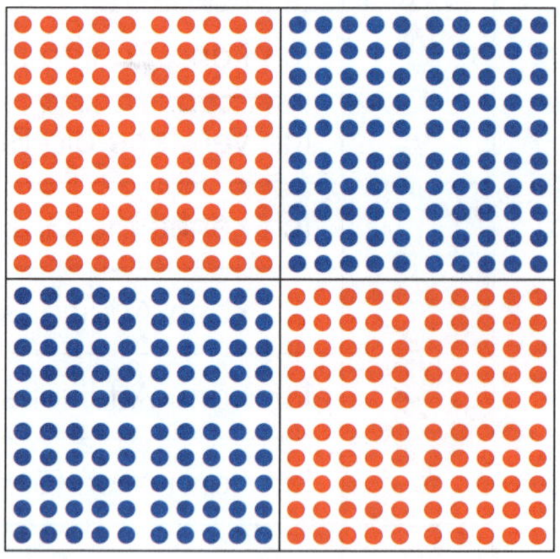
400-er Feld

Diese Aufgaben kannst du hiermit gut lösen:
- Anteile von etwas.
- Flächen als Darstellung: Multiplikationsaufgaben lassen sich immer als Fläche darstellen.
- Teilrechnungen bei der Multiplikation mit großen Zahlen finden.
- Divisionsaufgaben als Umkehrung von der Multiplikation nachvollziehen.

Zahlenstrahl und Rechenstrich

Das kannst du hiermit gut erkennen:
- Zahlen haben eine Reihenfolge
- Zahlen, die nah beieinander liegen
- Zahlen, die zwischen, vor oder nach anderen Zahlen liegen

Rechenstrich

Diese Aufgaben kannst du hiermit gut lösen:
- Additions- und Subtraktionsaufgaben
- Manchmal auch Multiplikations- und Divisionsaufgaben

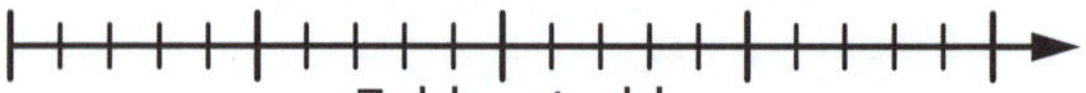
Zahlenstrahl

Und der Unterschied?
Am Zahlenstrahl kann man oft Zahlen genau eintragen.
Der Rechenstrich hilft bei der Vorstellung: Wo liegen die Zahlen und sind sie nah beieinander?
Dafür muss man sie nicht exakt eintragen.

Tausenderbuch

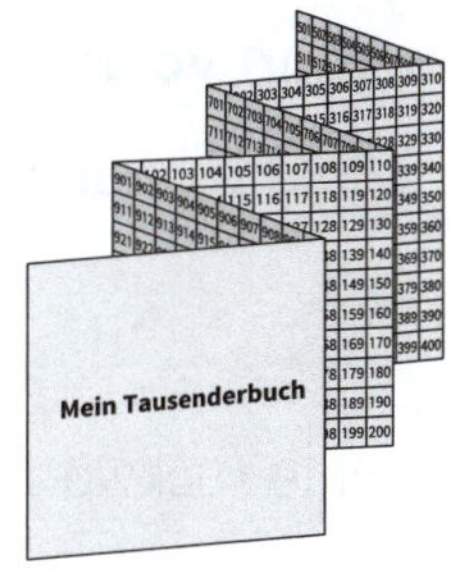

Das kannst du hiermit gut erkennen:
- Zahlen bilden eine Zahlenreihe.
- Manche Teile wiederholen sich immer wieder: Jeder Hunderter hat die gleichen Zehner und Einer.

Diese Aufgaben kannst du hiermit gut lösen:
- Zählaufgaben
- Benachbarte Zahlen zur Orientierung nutzen

Dienes-Material

Das kannst du hiermit gut erkennen:
- Einer sind anders als 10er, sind anders als 100er, sind anders als 1 000er usw.
- Zehn einer Sorte lassen sich bündeln.
- Die Stellen meinen unterschiedliche Dinge.
- Wann rechne ich mit Einern, wann mit Zehnern, wann mit Hundertern, ...?

Diese Aufgaben kannst du hiermit gut lösen:
- Rechenaufgaben zur Addition und Subtraktion
- Aufgaben mit Bündeln und Entbündeln von Stellenwerten
- Division nachvollziehen

Übrigens: So sieht Dienes-Material aus, wenn du es selbst zeichnest:

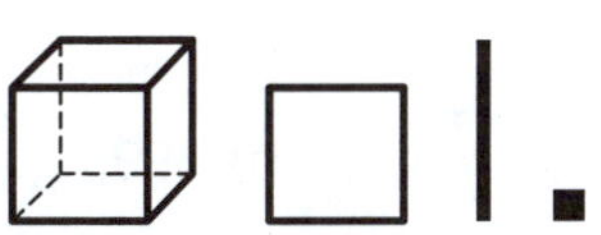

Sortiertafel und Stellenwerttafel

Das kannst du hiermit gut erkennen:
- Zahlen lassen sich sortieren und strukturieren.
- Zahlen an unterschiedlichen Stellen meinen etwas Anderes.
- Immer zehn einer Sorte lassen sich bündeln.

Sortiertafel für Stellenwerte

Tausender	Hunderter	Zehner	Einer

Diese Aufgaben kannst du hiermit gut lösen:
- Rechenaufgaben zu Addition
- Aufgaben mit Bündeln und Entbündeln von Stellenwerten

Stellenwerttafel

HT	ZT	T	H	Z	E

Wann nimmt man was?
Sortiertafel: Legen von Zahlen, Bündeln und Entbündeln
Stellenwerttafel: Eintragen von Zahlen mit Ziffern, Betonen der Stellenwerte

Du kannst das Material auch digital abrufen. Scanne dazu den QR-Code.

Digital+
WES-144656-001

WORTSPEICHER
1 000 =
1 Tausend

1 000 000 =
1 Million

Zahlvorstellung

1. Ich kann vorwärts und rückwärts bis 1 000/1 000 000 zählen.

- Zähle vorwärts ab der 298.

298, ____, ____, ____, ____, ____, ____, ____, ____

- Zähle rückwärts ab der 1412.

1 412, ____, ____, ____, ____, ____, ____, ____, ____

- Zähle vorwärts in 10er-Schritten ab 974.

974, ____, ____, ____, ____, ____, ____, ____, ____

- Zähle vorwärts in 100er-Schritten ab der 27 850.

27 850, ____, ____, ____, ____, ____, ____, ____

2. Ich kann Zahlen in Beziehung zu anderen Zahlen setzen.

- Ergänze die fehlenden Zahlen.

a) 159, ____, 161, ____, ____, 164, ____, 166, 167, 168, ____, ____

b) 699, ____, ____, ____, 703, 704, ____, ____, ____, 708, ____

c) ____, ____, 4 100, ____, ____, ____, ____, 4 105

3. Ich kann Zahlen am Zahlenstrahl darstellen und ablesen.

- Beschrifte zuerst den Zahlenstrahl. Markiere dann die Zahlen mit einem Kreuz.

a) 3, 15, 11, 6, 21, 18

b) 700, 200, 900, 650, 50

4. Ich kann Zahlen mit Bild, Wort und Zahlzeichen darstellen.

a) Finde für die Zahl **Sechshundertsiebenundzwanzig** vier verschiedene Darstellungen.
Du kannst auch zeichnen, Rechenaufgaben bilden, als Geld darstellen oder den Zahlenstrahl nutzen.

b) Welche Beschreibungen passen zur Zahl 550? Kreuze an.

◯ Die Hälfte von 1 100

◯ Liegt in der Mitte zwischen 520 und 570

◯ Das Doppelte von 255

◯ Der Nachfolger von 551

◯ Zehn weniger als 560

---

5. Ich kann Zahlen vergleichen und ordnen.

a) Ordne die Zahlen der Größe nach. Beginne mit der kleinsten Zahl.

100, 573, 537, 139, 130, 99, 703

____

5 006, 5 600, 6 005, 5 060, 5 005, 6 060

____

b) Vergleiche die Zahlen. Setze < oder > ein.

301	☐	310	976	☐	967	4 986	☐	4 998
540	☐	450	1 005	☐	1 050	5 466	☐	4 566
508	☐	506	2 543	☐	2 534	9 184	☐	9 148

TIPP
<: „kleiner als …"

>: „größer als …"

1. Ich kann vorwärts und rückwärts bis 1 000/1 000 000 zählen.

a) Schneide das Tausenderbuch aus und setze die Teile richtig zusammen. Klebe erst danach.

b) Zähle wie angegeben immer fünf Zahlen weiter. Dein Partner kontrolliert. Nutze das Tausenderbuch. Wechselt euch ab.

- In 1er-Schritten vorwärts. Partner 1: ab 100 / 448 Partner 2: ab 500 / 838
- In 10er-Schritten vorwärts. Partner 1: ab 100 / 448 Partner 2: ab 500 / 838
- In 100er-Schritten vorwärts. Partner 1: ab 100 / 448 Partner 2: ab 500 / 838
- In 1er-Schritten rückwärts. Partner 1: ab 601 / 715 Partner 2: ab 801 / 513
- In 10er-Schritten rückwärts. Partner 1: ab 601 / 715 Partner 2: ab 801 / 513
- In 100er-Schritten rückwärts. Partner 1: ab 601 / 715 Partner 2: ab 801 / 513

2. Ich kann Zahlen in Beziehung zu anderen Zahlen setzen.

Suche die Zahl 318.

Sie liegt zwischen den Hundertern 300 und 400 und zwischen den Zehnerzahlen 310 und 320.

Die 300 findest du als letzte Zahl im vorherigen Hunderterfeld.

301	302	303	304	305	306	307	308	309	310
311	312	313	314	315	316	317	318	319	320
321	322	323	324	325	326	327	328	329	330
331	332	333	334	335	336	337	338	339	340
341	342	343	344	345	346	347	348	349	350
351	352	353	354	355	356	357	358	359	360
361	362	363	364	365	366	367	368	369	370
371	372	373	374	375	376	377	378	379	380
381	382	383	384	385	386	387	388	389	390
391	392	393	394	395	396	397	398	399	400

a) Beschreibe deiner Partnerin oder deinem Partner wo du die angegebenen Zahlen findest. Wechselt euch ab.

Partner 1: 174, 405, 629 und 890 Partner 2: 98, 273, 516 und 952

b) Finde die Vorgänger und Nachfolger, sowie die Nachbarzehner (NZ) der Zahlen.

NZ	Vorgänger	Zahl	Nachfolger	NZ
120	124	125	126	130
		238		
		499		
		651		
		785		
		924		

TIPP

Nachbarzehner (NZ):

Zehner vor und nach der Zahl

Der Vorgänger einer Zahl ist die Zahl direkt **davor**, der Nachfolger die Zahl direkt **danach**.

3. Ich kann Zahlen am Zahlenstrahl darstellen und ablesen.

Im Zahlenstrahl steigen die Zahlen von links nach rechts an.
Er kann sehr unterschiedlich eingeteilt sein.
Zuerst ist es wichtig, Anfangs- und Endzahl zu kennen.
Dann musst du herausfinden, was jeder Strich bedeutet.
Am leichtesten ist es meistens, mit den langen Strichen anzufangen.

Digital+
WES-144656-002

a) Beschrifte den Zahlenstrahl. Jeder lange Strich bedeutet einen 10er-Schritt.

- Trage jetzt die Zahlen 5, 15, 30, 45 und 85 ein.

b) Beschrifte den Zahlenstrahl: Es sollen Zahlen von 0 bis 1 000 eingetragen werden können. Du musst jetzt anders einteilen als bei a).

- Ein langer Strich bedeutet jetzt _______________.
- Ein mittlerer _______________ und ein kurzer _______________.
- Trage nun die Zahlen 50, 150, 500, 850 und 910 ein.

c) Finde die Nachbarhunderter (NH) zu den folgenden Zahlen. Nutze den Zahlenstrahl aus b).

NH	Zahl	NH
200	210	300
	467	
	673	
	498	
	951	

TIPP
Nachbarhunderter (NH):
Hunderter vor und nach der Zahl

4. Ich kann Zahlen mit Bild, Wort und Zahlzeichen darstellen.

Zahlen kann man verschieden darstellen. Du kannst sie z.B.

- als Zahlwort schreiben.
- am Zahlenstrahl eintragen.
- als Strichliste schreiben.
- mit Hundertern, Zehnern und Einern legen.
- als Rechenaufgabe darstellen.
- mit Geld legen.

a) Überlege, warum alle Darstellungen zur Zahl 300 passen.

Dreihundert

100 + 100 + 100

299 + 1

2 mal 150

b) Ergänze vier Darstellungen der Zahl 417. Aufgabenteil a) kann dir helfen.

WORTSPEICHER
Stellenwerte abgekürzt:
E: Einer
Z: Zehner
H: Hunderter
T: Tausender

400 + 17

4 H + 1 Z + 7 E

c) Welche Beschreibungen passen zur Zahl 504?

- ☐ fünf mehr als 509
- ☐ das Doppelte von 252
- ☐ ein Zehner weniger als 514
- ☐ die Hälfte von 1 004
- ☐ liegt zwischen 503 und 505
- ☐ 5 Hunderter und 4 Zehner

d) Immer drei gehören zusammen. Färbe gleich ein.

1 Z 6 H	601	20 · 30	6 Z 1 E	59 + 2
2 · 30	61	610	600	1 E 6 H
6 Zehner	599 + 2	6 Hunderter	600 + 10	60

5. Ich kann Zahlen vergleichen und ordnen.

a) Vergleiche die Zahlen mit > oder <. Beachte dazu ihre Lage am Zahlenstrahl.

205	☐	250	300	☐	205
310	☐	570	310	☐	800
800	☐	300	250	☐	570

b) Vergleiche wieder mit > oder <. Achtung: Diese Zahlen sind nicht am Zahlenstrahl eingetragen.

505	☐	550	666	☐	686
340	☐	440	254	☐	245
790	☐	780	810	☐	801

c) Sortiere der Größe nach. Beginne mit der kleinsten Zahl.

21 42 801 101 412 201

____

101 113 301 130 31 310

____

1. Ich kann vorwärts und rückwärts bis 1 000/1 000 000 zählen.

a) In den Zahlreihen sind Fehler. Streiche falsche Zahlen durch.

- 451, 452, 435, 454, 455, 456, 460
- 1 111, 1 112, 1 110, 1 113, 1 114, 1 115, 1 116
- 908, 898, 888, 878, 778, 868
- 5 700, 5 600, 5 500, 5 400, 530, 5 300
- 7 080, 7 090, 7 100, 7 101, 7 120, 7 130, 7 180

b) Ergänze die Zahlreihen.

- 246, 247, 248, ________, ________, ________, ________
- 997, 998, ________, ________, ________, ________
- 2 670, 2 690, ________, ________, ________, ________
- 830, 820, 810, ________, ________, ________, ________
- 6 701, 6 801, ________, ________, ________, ________
- 4 370, 4 270, 4 170, ________, ________, ________, ________

2. Ich kann Zahlen in Beziehung zu anderen Zahlen setzen.

- Ergänze die Tabelle.

NZ	Vorgänger	Zahl	Nachfolger	NZ
	776			
			125	
		7 844		
	9 822			
			2 222	

3. Ich kann Zahlen am Zahlenstrahl darstellen und ablesen.

a) Die Zahlen am Zahlenstrahl sind nicht alle richtig eingetragen. Berichtige die Pfeile.

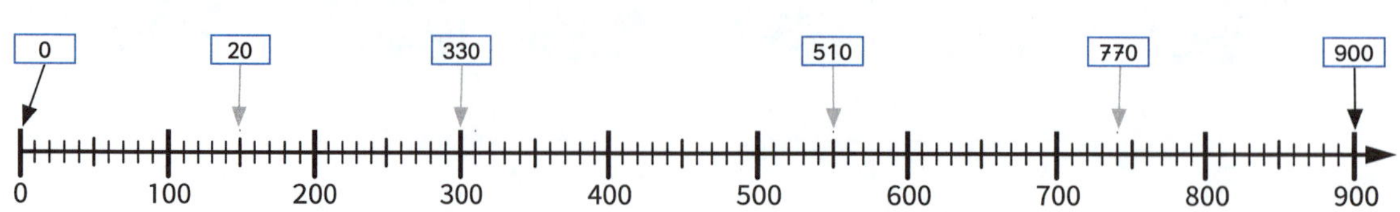

b) Bei welchen Zahlen stehen die Fähnchen? Trage ein.

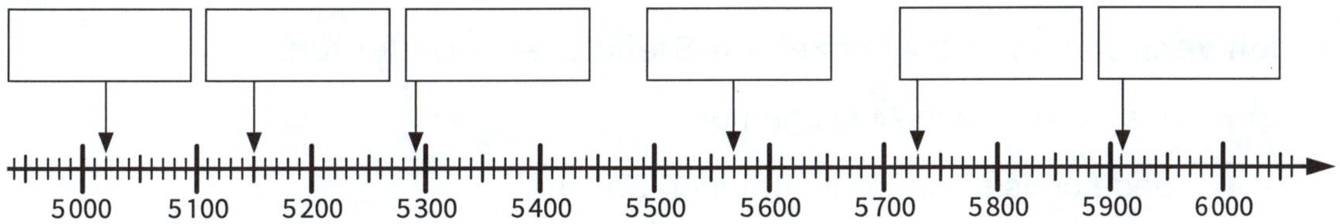

c) Setze die Zahlen an der richtigen Stelle ein.

6150 6310 5820 5980 6475 6660

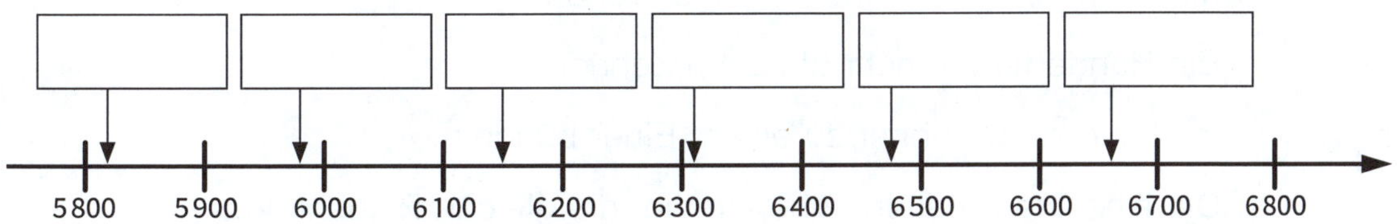

4. Ich kann Zahlen mit Bild, Wort und Zahlzeichen darstellen.

a) Welche Beschreibungen passen nicht zur Zahl 750? Streiche durch.

700 + 50	3 mal 250	Einer mehr als 749
7 Hunderter 50 Zehner	100 weniger als 850	Nachbarzehner von 700

b) Wähle dir eine Zahl zwischen 100 und 1000 und finde 6 verschiedene Darstellungen. Meine Zahl ist ______________.

5. Ich kann Zahlen vergleichen und ordnen.

a) Welche benachbarten Zahlenkarten musst du tauschen, damit die Reihenfolge stimmt? Markiere sie.

5311 5371 5317 7320 7427 8545 7563 9999 8679

b) Finde passende Zahlen.

- 6800 > __________, __________, __________ > 6700
- 2222 < __________, __________, __________ < 2230
- 9050 > __________, __________, __________ > 9005

Stellenwerte

1. Ich verstehe, was die einzelnen Stellenwerte bedeuten.

a) Kreuze die richtigen Aussagen an.

- ☐ Jede dreistellige Zahl hat einen Zehner.
- ☐ Der Einer steht immer rechts.
- ☐ Neun Einer sind mehr als ein Hunderter.
- ☐ Man kann Einer zu einem Zehner bündeln.
- ☐ Ein Hunderter ist mehr als zehn Zehner.
- ☐ Ich kann zehn Zehner zu einem Einer bündeln.
- ☐ Die einzelnen Stellen haben immer die gleiche Reihenfolge.
- ☐ Bündeln ist das Gleiche wie Entbündeln.

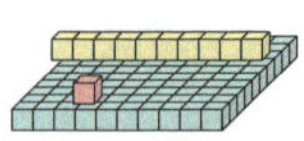

b) Lege erst mit Dienes-Material. Zeichne dann auf. Notiere die richtige Zahl darunter.

	4 Zehner und 6 Einer	2 Hunderter und 17 Einer
Bild		

TIPP

So sieht Dienes-Material aus, wenn du es selbst zeichnest:

Tausender:

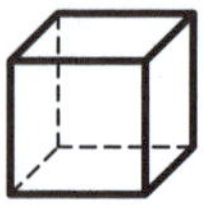

Hunderter:

Zehner:

Einer:

2. Ich verstehe die Darstellung von Tausender, Hunderter, Zehner und Einer.

Schreibe als einzelne Stellen und als ganze Zahl. Achte auf das Beispiel.

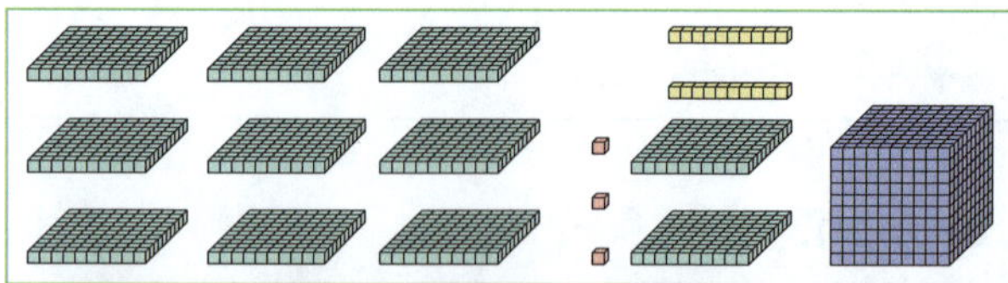	1 T + 11 H + 2 Z + 3 E	2 123
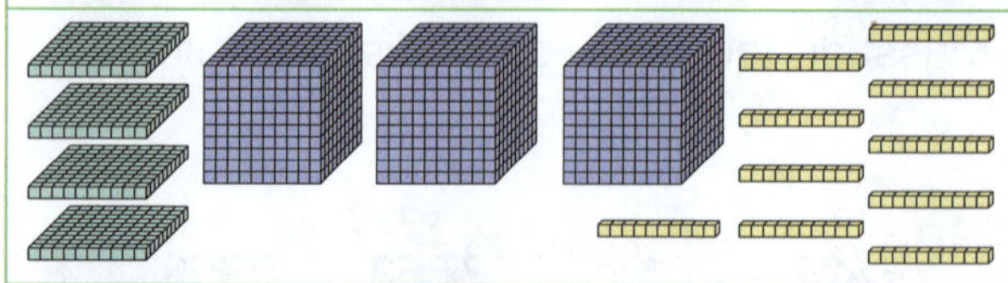		
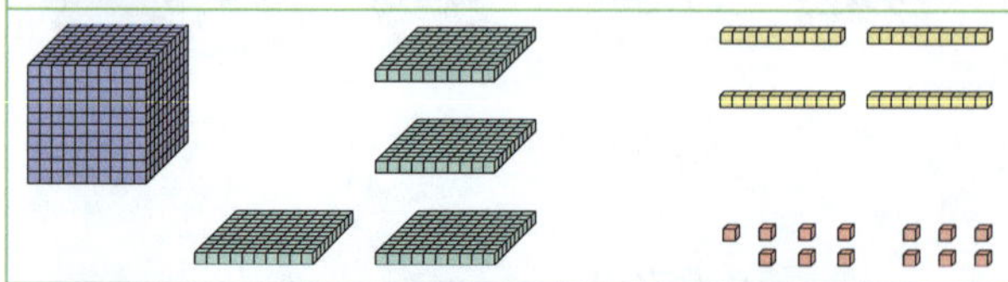		
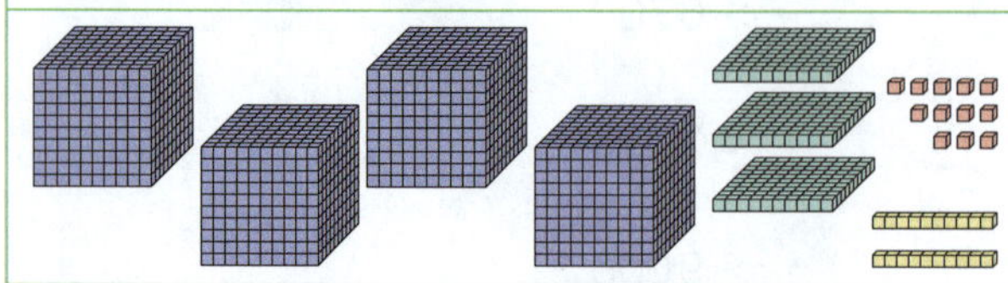		

3. **Ich kann zehn Einer, Zehner, Hunderter, Tausender… zum Nächstgrößeren bündeln.**

Schreibe das Ergebnis auf.

															T	H	Z	E
3	**T**	+	1	2	**H**	+		1	**Z**	+	2	3	**E**	=	4	2	3	3
2	**T**	+	1	4	**H**	+	3	1	**Z**	+		8	**E**	=				
6	**T**	+	2	5	**H**	+		7	**Z**	+	1	4	**E**	=				
8	**T**	+		6	**H**	+	1	1	**Z**	+	3	1	**E**	=				

---

4. **Ich weiß, welcher Teil im Zahlwort was bedeutet.**

Schreibe als Zahl.

Sechstausend.fünfhundertdreiundsiebzig ____________

Dreiundzwanzigtausend.vierhundertzweiundneunzig ____________

Fünfundvierzigtausend.zweihunderteinundachtzig ____________

---

5. **Ich kann Zahlen in ihre einzelnen Stellen zerlegen.**

a) Schreibe die Zahl als Hunderter, Zehner und Einer auf.

256 = ____________ 529 = ____________

564 = ____________ 651 = ____________

b) Achtung! Hier steht schon ein Teil der Stellen. Ergänze sinnvoll.

293 = ______ + ______ + 23 E 468 = ______ + 16 Z + ______

---

6. **Ich verstehe die Bedeutung der verschiedenen Zahlwerte.**

Entscheide: > , < oder = ? Färbe immer die passende Begründung ein.

a) 516 ☐ 560 b) 43 ☐ 34 c) 150 ☐ 105

Zahl hat keine Null.	Zehner links ist größer.	5 steht hinten und ist größer als 0.
Hunderter ist gleich und Zehner der rechten Zahl ist größer.	Beide Male sind es 3 und 4.	Hunderter ist gleich und Zehner ist größer der linken Zahl.

H	Z	E
3	1	2

Digital+
WES-144656-003

1. Ich verstehe, was die einzelnen Stellenwerte bedeuten.

a) Lege mit Dienes-Material in die Stellenwerttafel
Tausche wenn möglich: 10 E gegen 1 Z / 10 Z gegen 1 H / 10 H gegen 1 T
Notiere nun die richtige Zahl.

2 T + 15 H + 4 Z + 13 E = ____________________

3 T + 4 H + 16 Z + 15 E = ____________________

b) Was gehört zusammen? Färbe gleich ein.

10 Zehner	100 Hunderter	100 Zehner	10 Hunderter
1 Tausender	1 Hunderter	1 Zehntausender	1 Tausender

c) Beende die Sätze. Sieh dir zur Hilfe vorher das Video an.

wert – Einer – Stellenwerte – Hunderter – Stellen

Jede Zahl hat verschiedene ______________.

Das meint: Die Zahl 303 hat drei ______________ und drei ______________.

Die Drei bei den Hundertern sind mehr ______________ als die Drei bei den Einern,

denn die beiden Dreien stehen an verschiedenen ______________.

WORTSPEICHER
Stellenwerte abgekürzt:
E: Einer
Z: Zehner
H: Hunderter
T: Tausender

2. Ich verstehe die Darstellung von Hunderter, Zehner und Einer.

b) Male immer die Zahlen mit Tausender, Hunderter, Zehner und Einer. Lege vorher mit Dienes-Material.

2437	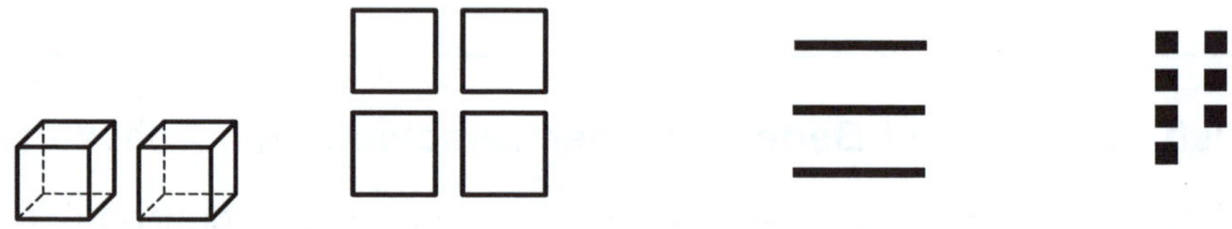
1628	
3126	
4085	

H	Z	E
3	1	2

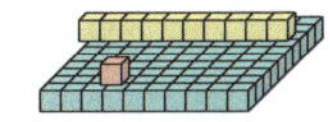

b) Ergänze immer zum vollen Tausender oder Zehntausender. Zeichne das fehlende Material vereinfacht daneben.

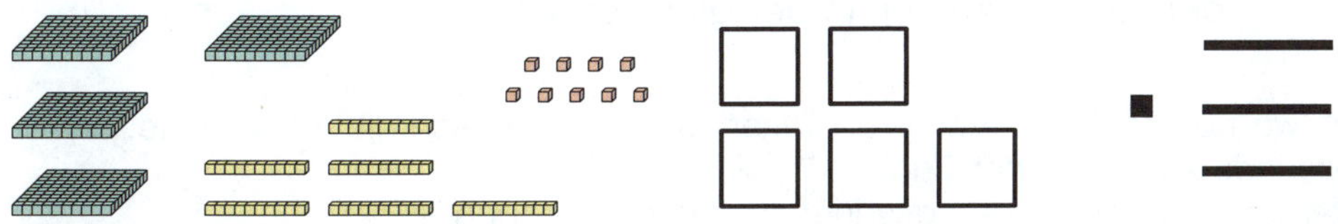	= 1000
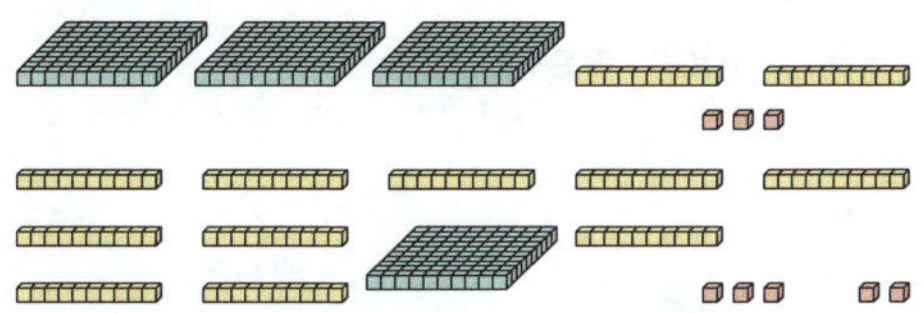	= 1000
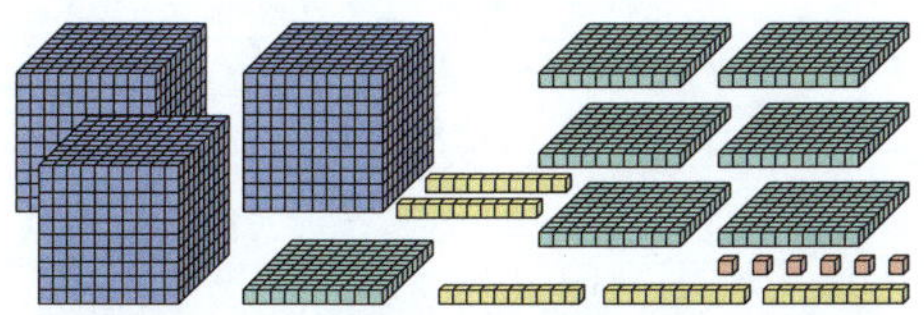	= 10000
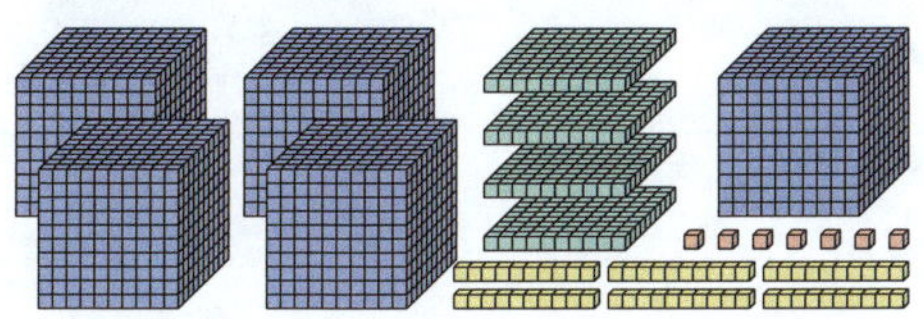	= 10000

3. Ich kann zehn Einer, Zehner, Hunderter, Tausender... zum Nächstgrößeren bündeln.

a) Blitzseher! Stelle das ungeordnete Bild so dar, dass man schnell die Menge erkennt. Tipp: Du musst bündeln.

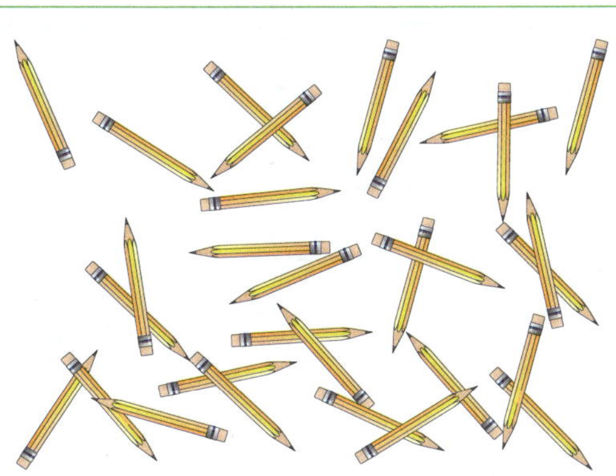	

4. Ich weiß, welcher Teil im Zahlwort was bedeutet.

Schreibe die Zahlen stufenweise als Zahlwort.
Schreibe immer den jeweiligen Teil in der gleichen Farbe.

> Jedes Zahlwort besteht aus mehreren Teilen. Jeder Teil beschreibt eine Stelle, ähnlich wie jede Ziffer in einer Zahl.
> Zahlen werden in 3er-Blöcken geschrieben und gesprochen.
> Erst kommen alle Tausender. Das sind bis zu drei Stellen.
> Dann kommen Hunderter, Zehner und Einer. Das sind auch drei Stellen.

3 = ______________________________

43 = ______________________________

143 = ______________________________

5143 = ______________________________

75143 = ______________________________

275143 = ______________________________

4 = ______________________________

64 = ______________________________

264 = ______________________________

8264 = ______________________________

38264 = ______________________________

138264 = ______________________________

WORTSPEICHER
Ziffer:
Die Zahlzeichen von 0-9. Mit ihnen schreibt man Zahlen

5. Ich kann Zahlen in ihre einzelnen Stellen zerlegen.

Ergänze das fehlende Material, damit das Bild zur Zahl passt.

2075	
2705	
5720	

H	Z	E
3	1	2

6. Ich verstehe die Bedeutung der verschiedenen Zahlwerte.

Lege die folgenden Zahlen erst mit Dienes Material.

a) Ordne von klein nach groß.

300 – 450 – 301 – 30 – 504 – 10 – 130

____

240 – 32 – 420 – 23 – 320 – 24 – 302

____

b) Markiere in den Bildern und Zahlen:
Tausender blau, Hunderter grün, Zehner gelb und Einer rot.

4321	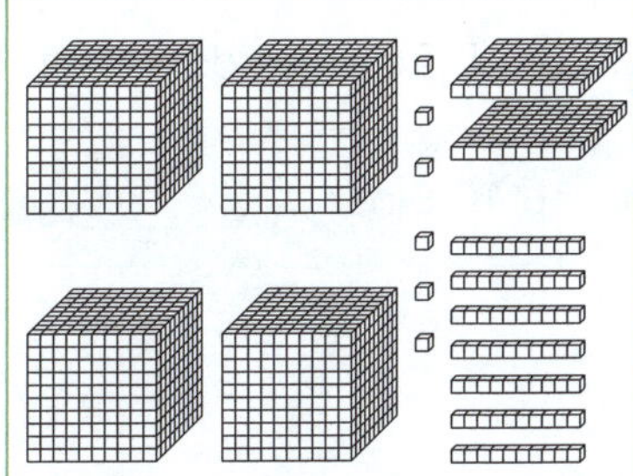	297
4T + 7Z + 2H + 6E	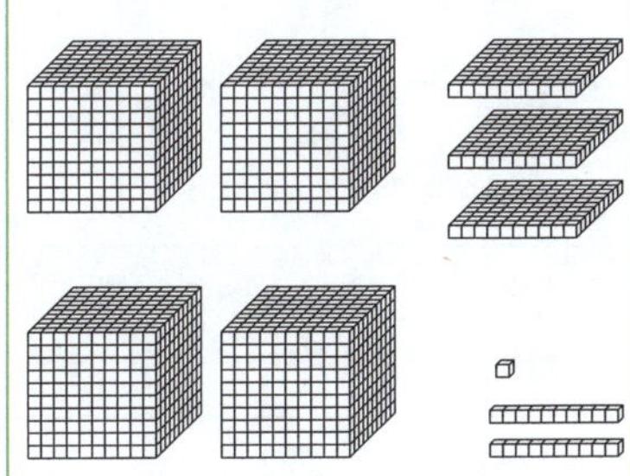	4T + 2Z + 3H + 1E
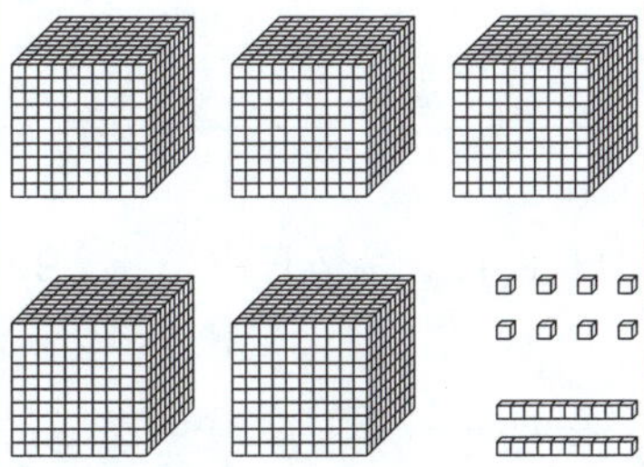	2H + 7E + 9Z	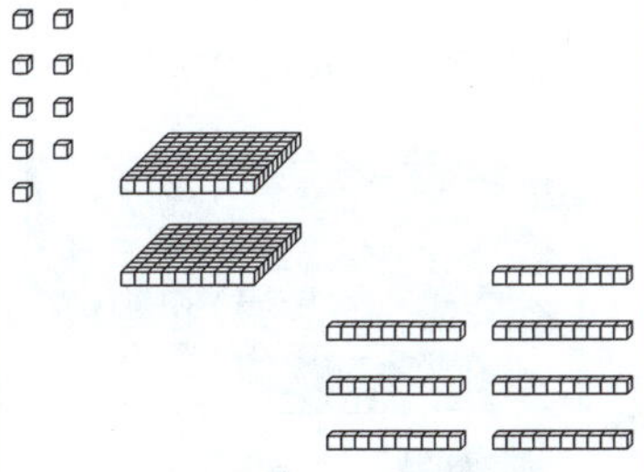

c) Bilde mit den abgebildeten Ziffernkarten die folgenden Zahlen.
Nutze das Legematerial.

Die größte Zahl: ______________________

Die zweitgrößte Zahl: ______________________

Die kleinste Zahl: ______________________

Wie hast du die zweitgrößte Zahl gefunden? Erkläre.

Zuerst gelegt habe ich ______________________

____

Danach habe ich ______________________

1. Ich verstehe, was die einzelnen Stellenwerte bedeuten.

a) Vervollständige die Sätze.

100 Tausender sind …	ein Hunderter
10 Zehner sind …	ein Zehntausender
10 Zehntausender sind …	ein Hunderttausender
100 Hunderter sind ein …	ein Hunderttausender

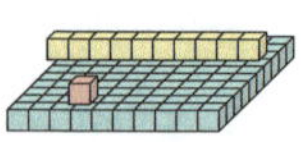

b) Lege erst mit Dienes-Material. Zeichne dann auf. Notiere darunter die richtige Zahl.

	5 Zehner und 16 Einer	2 Hunderter, 3 Zehner und 13 Einer
Bild		

2. Ich verstehe die Darstellung von Hunderter, Zehner und Einer.

Schreibe als einzelne Stellen und als ganze Zahl.

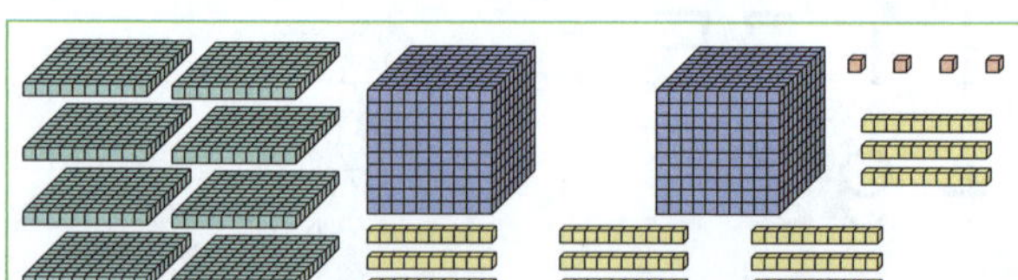	2T + 8H + 12Z + 4E	2924
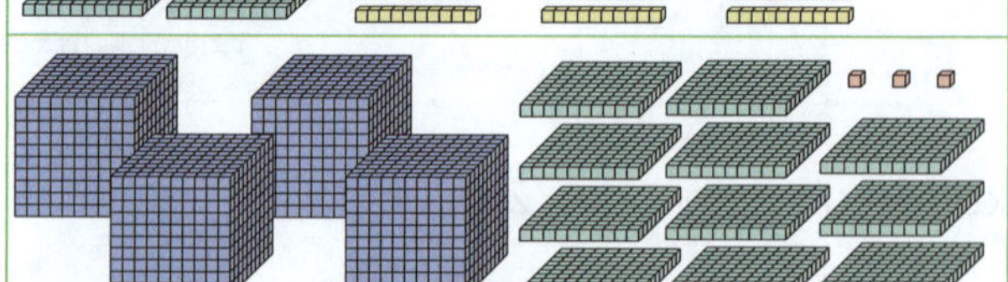		
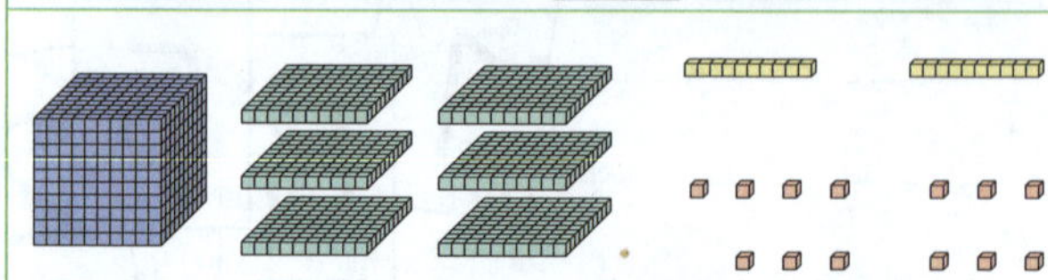		
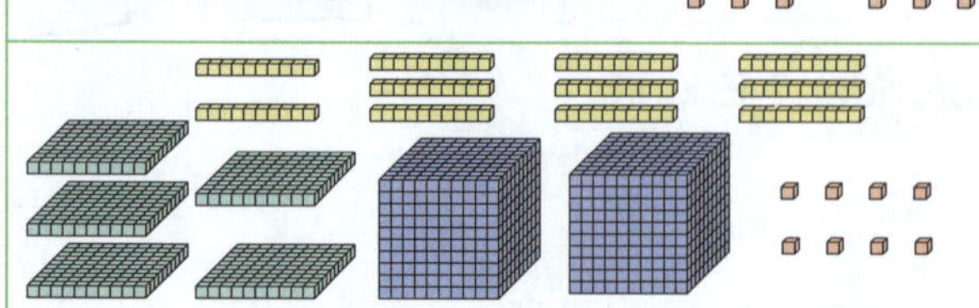		

3. Ich weiß, welcher Teil im Zahlwort was bedeutet.

Markiere in jedem Zahlwort den Teil, der als Zahl rechts neben dem Wort steht.

Sechstausend.fünfhundertdreiundsiebzig	500
Dreiundzwanzigtausend.vierhundertzweiundneunzig	20.000
Fünfundvierzigtausend.zweihunderteinundachtzig	80
Siebenundneunzigtausend.fünfunddreißig	7000
Zweiundzwanzigtausend.dreihundertsechsundvierzig	6

4. Ich kann immer 10 Einer, Zehner, Hunderter, Tausender... zum Nächstgrößeren bündeln.

Welche Zahl ist es? Schreibe auf.

															T	H	Z	E
2	**T**	+		5	**H**	+	2	1	**Z**	+		3	**E**	=				
4	**T**	+		6	**Z**	+	1	7	**H**	+	2	3	**E**	=				
1	**T**	+		5	**E**	+	1	0	**H**	+	1	5	**Z**	=				
			1	4	**H**	+		6	**T**	+	4	1	**E**	=				

5. Ich kann Zahlen in ihre einzelnen Stellen zerlegen.

a) Schreibe die Zahl als Hunderter, Zehner und Einer auf.

256 = ____________ 529 = ____________

b) Achtung! Hier steht schon ein Teil der Stellen. Ergänze sinnvoll.

2083 = ______ + ______ + ______ + 23 E

3420 = ______ + 21 H + ______ + 10 E

WORTSPEICHER
Stellenwerte abgekürzt:
E: Einer
Z: Zehner
H: Hunderter
T: Tausender

6. Ich verstehe die Bedeutung der verschiedenen Zahlwerte.

Bilde mit den abgebildeten Ziffernkarten die folgenden Zahlen.
Nutze das Legematerial.

Die größte Zahl: ____________

Die zweitgrößte Zahl: ____________

Die zweitkleinste Zahl: ____________

Wie hast du die zweitkleinste Zahl gefunden? Erkläre.

Zuerst gelegt habe ich ____________

____

Danach habe ich ____________

____

Addition

1. Ich kenne die Grundvorstellungen Hinzufügen und Zusammenfassen.

Welche Rechengeschichten passen zur Aufgabe 499 + 325? Kreuze an.

☐ Mia hat 325 Euro gespart. Sie möchte sich ein Fahrrad für 499 Euro kaufen.

☐ In den Ferien fuhren wir unsere Verwandten besuchen. Am ersten Tag fuhren wir 499 km. Am zweiten Tag waren es 325 km.

☐ Luca und Paul sammeln zusammen Kastanien. Paul hat am Ende 499 Stück, Luca findet 325.

☐ Jan hat beim Spielen 325 Punkte bekommen. Lars hat mehr Punkte, es sind 499.

2. Ich kann Additionsaufgaben in Sachsituationen finden und umgekehrt.

Auf dem Bauernhof wird geerntet. Dieses Jahr sind es 360 kg Äpfel, 150 kg Birnen und 1 000 kg Getreide. Außerdem kauft der Bauer noch 120 kg neues Saatgut.

a) Wie groß war die Obsternte dieses Jahr in kg? Berechne und schreibe einen Antwortsatz.

Rechnung: ____________________

Antwort: ____________________

b) Die Tabelle zeigt die Apfelernte der letzten Jahre.
Berechne die gesamte Menge an geernteten Äpfeln von 2021 bis 2024 und schreibe einen Antwortsatz.

Jahr	2021	2022	2023	2024
Menge Äpfel	416 kg	383 kg	351 kg	360 kg

Rechnung: ____________________

Antwort: ____________________

3. Ich kann Aufgaben auf verschiedenen Wegen lösen.

a) Löse die Aufgabe.
2706 + 9858

Schreibe Zwischenschritte auf.

b) Die Aufgabe 348 + 493 kannst du am Rechenstrich lösen.

348

Löse die Aufgabe 561 + 372 am Rechenstrich.

561

c) Vereinfache die Aufgaben wie im Beispiel und schreibe deinen Rechenweg auf.

528 + 298 = 528 + 300 − 2

- 675 + 399 =
- 1878 + 595 =
- 3998 + 729 =
- 9725 + 9999 =

4. Ich kann mich für einen sinnvollen Rechenweg entscheiden.

a) Überlege: Schriftlich, Halbschriftlich oder im Kopf? Färbe ein.

2567 + 999	9726 + 7587	1023 + 6711
55749 + 67988	298 + 7025	9229 + 728

b) Schreibe zwei Aufgaben, die du im Kopf rechnen würdest, und eine Aufgaben, die du schriftlich rechnen würdest.

Digital+ WES-144656-004

1. Ich kenne die Grundvorstellungen Hinzufügen und Zusammenfassen.

Beim Addieren gibt es zwei verschiedene Grundvorstellungen: **Hinzufügen** und **Zusammenfassen**.

Hinzufügen: Einer vorhandenen Menge wird etwas **hinzu**gefügt.
Jonas hat 2 Kaninchen. Nun haben sie 3 Junge bekommen.

Zusammenfassen: Zwei Mengen werden **zusammen**gefügt.
Maria und Lea wollen zusammen spielen. Beide bringen ihre Kuscheltiere mit.

- Färbe ein. Hinzufügen: rot, Zusammenfassen: blau

Mia hat schon 6 Bonbons gegessen. Sie nimmt sich noch 2 weitere aus der Packung.	Juan betreut in der Urlaubszeit 2 Hunde von Lotte und einen Hund von Dara.
Paul und Tim wollen zusammen malen. Paul hat 18 Filzstifte, Tom hat 13 Stück.	Jan hat 100 Euro auf dem Sparkonto. Zum Geburtstag bekommt er noch 50 Euro von Oma geschenkt.

Digital+ WES-144656-005

2. Ich kann Additionsaufgaben in Sachsituationen finden und umgekehrt.

In Sachsituationen musst du genau darauf achten, welche Informationen du für deine Rechnung brauchst. Unterstreiche jeweils wichtige Wörter und Zahlen. Für Aufgabe **a)** in **rot** und für Aufgabe **b)** in **blau**.

a) Bauer Meyer hat seine Nutztiere gezählt und auf einen Zettel geschrieben. Außerdem bewohnen den Hof noch fünf Katzen und zwei Hunde. Wie viele Tiere sind das insgesamt? Schreibe einen Antwortsatz.

Rechnung: ____________________

____

Antwort: ____________________

b) Nächstes Jahr soll mehr Milch produziert werden. Deshalb hat Herr Meyer 75 neue Kühe gekauft. Berechne die Gesamtzahl der Kühe im nächsten Jahr.

Rechnung: ____________________

Antwort: ____________________

TIPP: Wenn du Schwierigkeiten mit Sachaufgaben hast, dann bearbeite auch die Sachaufgaben zu den anderen Grundrechenarten. Hier kannst du noch mehr üben.

3. Ich kann Aufgaben auf verschiedenen Wegen lösen.

a) Mit Dienes-Material kannst du Zahlen bis 1000 anschaulich legen.
Lege abwechselnd mit deinem Partner mit Hunderterplatten, Zehnerstangen und Einerwürfeln die Aufgaben und rechne aus. Dein Partner kontrolliert.

Partner 1: 155 + 169 = ______

239 + 181 = ______

836 + 395 = ______

Partner 2: 128 + 84 = ______

213 + 145 = ______

783 + 467 = ______

b) Tom legt die Aufgabe 166 + 333 mit Dienes-Material. Den Rechenweg notiert er sich. Sieh dir seinen Rechenweg an und löse die Aufgaben darunter auf dem gleichen Weg.

1	6	6	+	3	3	3	=	4	9	9	
1	0	0	+	3	0	0	=	4	0	0	
	6	0	+		3	0	=		9	0	
		6	+			3	=			9	
4	0	0	+	9	0	=	4	9	9		

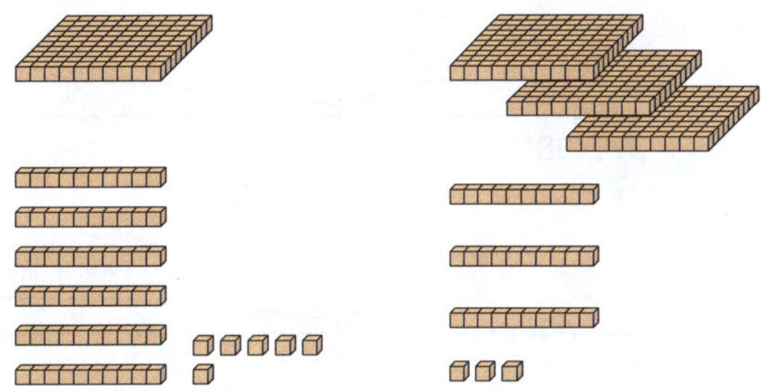

TIPP
Stellenweise Addieren:
Getrennte Addition von Einern, Zehnern und Hundertern

367 + 172 =

873 + 654 =

1 590 + 3 710

7 263 + 8 418

Digital+
WES-144656-006

Aufgaben am Rechenstrich lösen

Manche Aufgaben lassen sich gut am Rechenstrich lösen. Anders als der Zahlenstrahl hat der Rechenstrich keine Einteilung. Du trägst nur die Zahlen ein, die für deine Rechnung wichtig sind. Um zu zeigen, wie du rechnest, zeichnest du Pfeile und schreibst die Zahl mit dem Rechenzeichen darüber.

TIPP
Schrittweise Addieren:
Zur ersten Zahl werden Einer, Zehner und Hunderter nacheinander addiert.

c) Finde zu jeder Abbildung die passende Aufgabe.

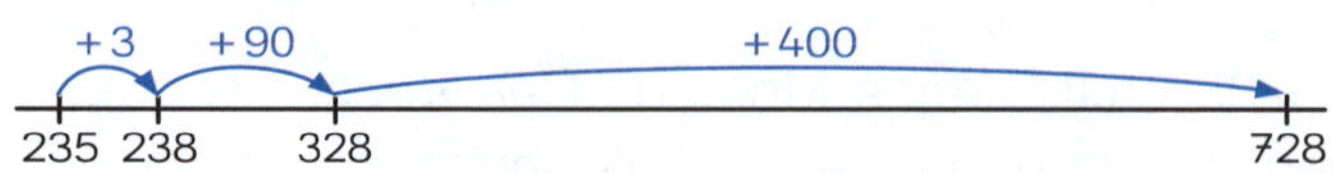

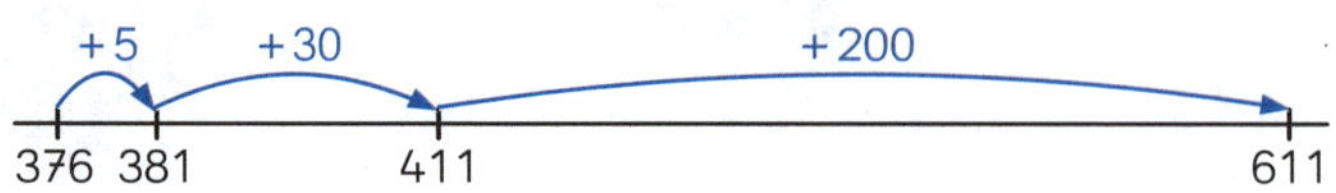

239 + 376 =

235 + 493 =

376 + 235 =

d) Löse die Aufgaben schrittweise am Rechenstrich.

526 + 350 = ______

689 + 172 = ______

978 + 325 = ______. Achtung! Hier musst du die Zahlen selbst anordnen.

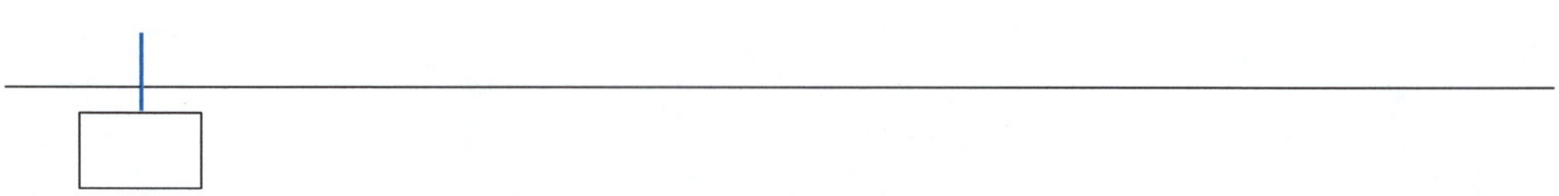

Wenn eine Zahl sehr dicht an einer Hunderterzahl liegt, kannst du sie auch durch eine Hilfsaufgabe lösen.

568 + 298 =
568 + 300 = 868
868 − 2 = 866

e) Löse mit einer Hilfsaufgabe.

675 + 199 = ______

621 + 297 = ______

784 + 998 = ______

590 + 399 = ______

TIPP
Hilfsaufgabe:
Aufgabe, die sich leichter rechnen lässt als die ursprüngliche Aufgabe.

4. Ich kann mich für einen sinnvollen Rechenweg entscheiden.

Es ist wichtig zu sehen, wie sich eine Aufgabe gut lösen lässt. Aufgaben mit einfachen Zahlen kannst du im Kopf rechnen. Werden dir die Zahlen zu groß, ist es sinnvoll, halbschriftlich zu rechnen und dir Zwischenschritte aufzuschreiben. Nur ganz schwere Aufgaben solltest du schriftlich rechnen.

Digital+
WES-144656-007

Sortiere die Aufgaben in die Tabelle. Vergleiche dann mit einem Partner.

- 699 + 501
- 789 + 965
- 999 + 7072
- 5600 + 1001

9705 + 9897
2500 + 2700
30123 + 10099
56939 + 76521

Im Kopf	Halbschriftlich	Schriftlich

TIPP
Halbschriftlich Rechnen:
Jeder Rechenweg bei dem du deine Zwischenschritte aufschreibst.

1. Ich kenne die Grundvorstellungen Hinzufügen und Zusammenziehen.

- Markiere alle Rechengeschichten, die eine Additionsaufgabe enthalten.

☐ Paul kauft sich einen neuen Fußball für 49 Euro. Er bezahlt mit einem 100 Euro Schein.

☐ Mias Schulweg beträgt 1 200 m. Nach der Schule geht sie noch zu Lina. Ihr Schulweg ist 700 m lang.

☐ Jan sammelt Modellautos. Er hat schon 18 Stück. Zum Geburtstag bekommt er noch 3 neue geschenkt.

☐ Die 24 Kinder der Klasse 5a teilen sich beim Sport in 6 Gruppen auf.

---

2. Ich kann Additionsaufgaben in Sachsituationen finden und umgekehrt.

Mia fährt auf Klassenfahrt. 5 Übernachtungen kosten sie 180 Euro. Die Fahrt mit der Bahn wird 45 Minuten dauern. Vom Bahnhof sind es noch 10 Minuten Fußweg. Vor Ort wird eine Bowlingbahn gebucht. Die Buchung kostet sie 8 Euro.

a) Welche Aufgaben passen nicht zur Rechengeschichte? Streiche durch.

5 + 180 | 10 + 8 | 180 + 8

45 + 180 | 5 + 45 | 45 + 10

---

3. Ich kann Aufgaben auf verschiedenen Wegen lösen.

a) Löse die Aufgaben stellenweise. Nutze Dienes Material wenn nötig.

786 + 597

1 369 + 743

Mein Tausenderbuch

Klebefläche

1	2	3	4	5	6	7	8	9	10	101	102	103	104	105	106	107	108	109	110	201
11	12	13	14	15	16	17	18	19	20	111	112	113	114	115	116	117	118	119	120	211
21	22	23	24	25	26	27	28	29	30	121	122	123	124	125	126	127	128	129	130	221
31	32	33	34	35	36	37	38	39	40	131	132	133	134	135	136	137	138	139	140	231
41	42	43	44	45	46	47	48	49	50	141	142	143	144	145	146	147	148	149	150	241
51	52	53	54	55	56	57	58	59	60	151	152	153	154	155	156	157	158	159	160	251
61	62	63	64	65	66	67	68	69	70	161	162	163	164	165	166	167	168	169	170	261
71	72	73	74	75	76	77	78	79	80	171	172	173	174	175	176	177	178	179	180	271
81	82	83	84	85	86	87	88	89	90	181	182	183	184	185	186	187	188	189	190	281
91	92	93	94	95	96	97	98	99	100	191	192	193	194	195	196	197	198	199	200	291

110	201	202	203	204	205	206	207	208	209	210	301	302	303	304	305	306	307	308	309	310	401	402	403	404	405	406	407	408	409	410
120	211	212	213	214	215	216	217	218	219	220	311	312	313	314	315	316	317	318	319	320	411	412	413	414	415	416	417	418	419	420
130	221	222	223	224	225	226	227	228	229	230	321	322	323	324	325	326	327	328	329	330	421	422	423	424	425	426	427	428	429	430
140	231	232	233	234	235	236	237	238	239	240	331	332	333	334	335	336	337	338	339	340	431	432	433	434	435	436	437	438	439	440
150	241	242	243	244	245	246	247	248	249	250	341	342	343	344	345	346	347	348	349	350	441	442	443	444	445	446	447	448	449	450
160	251	252	253	254	255	256	257	258	259	260	351	352	353	354	355	356	357	358	359	360	451	452	453	454	455	456	457	458	459	460
170	261	262	263	264	265	266	267	268	269	270	361	362	363	364	365	366	367	368	369	370	461	462	463	464	465	466	467	468	469	470
180	271	272	273	274	275	276	277	278	279	280	371	372	373	374	375	376	377	378	379	380	471	472	473	474	475	476	477	478	479	480
190	281	282	283	284	285	286	287	288	289	290	381	382	383	384	385	386	387	388	389	390	481	482	483	484	485	486	487	488	489	490
200	291	292	293	294	295	296	297	298	299	300	391	392	393	394	395	396	397	398	399	400	491	492	493	494	495	496	497	498	499	500

710	801	802	803	804	805	806	807	808	809	810	901	902	903	904	905	906	907	908	909	910
720	811	812	813	814	815	816	817	818	819	820	911	912	913	914	915	916	917	918	919	920
730	821	822	823	824	825	826	827	828	829	830	921	922	923	924	925	926	927	928	929	930
740	831	832	833	834	835	836	837	838	839	840	931	932	933	934	935	936	937	938	939	940
750	841	842	843	844	845	846	847	848	849	850	941	942	943	944	945	946	947	948	949	950
760	851	852	853	854	855	856	857	858	859	860	951	952	953	954	955	956	957	958	959	960
770	861	862	863	864	865	866	867	868	869	870	961	962	963	964	965	966	967	968	969	970
780	871	872	873	874	875	876	877	878	879	880	971	972	973	974	975	976	977	978	979	980
790	881	882	883	884	885	886	887	888	889	890	981	982	983	984	985	986	987	988	989	990
800	891	892	893	894	895	896	897	898	899	900	991	992	993	994	995	996	997	998	999	1000

501	502	503	504	505	506	507	508	509	510	601	602	603	604	605	606	607	608	609	610	701	702	703	704	705	706	707	708	709	710	801
511	512	513	514	515	516	517	518	519	520	611	612	613	614	615	616	617	618	619	620	711	712	713	714	715	716	717	718	719	720	811
521	522	523	524	525	526	527	528	529	530	621	622	623	624	625	626	627	628	629	630	721	722	723	724	725	726	727	728	729	730	821
531	532	533	534	535	536	537	538	539	540	631	632	633	634	635	636	637	638	639	640	731	732	733	734	735	736	737	738	739	740	831
541	542	543	544	545	546	547	548	549	550	641	642	643	644	645	646	647	648	649	650	741	742	743	744	745	746	747	748	749	750	841
551	552	553	554	555	556	557	558	559	560	651	652	653	654	655	656	657	658	659	660	751	752	753	754	755	756	757	758	759	760	851
561	562	563	564	565	566	567	568	569	570	661	662	663	664	665	666	667	668	669	670	761	762	763	764	765	766	767	768	769	770	861
571	572	573	574	575	576	577	578	579	580	671	672	673	674	675	676	677	678	679	680	771	772	773	774	775	776	777	778	779	780	871
581	582	583	584	585	586	587	588	589	590	681	682	683	684	685	686	687	688	689	690	781	782	783	784	785	786	787	788	789	790	881
591	592	593	594	595	596	597	598	599	600	691	692	693	694	695	696	697	698	699	700	791	792	793	794	795	796	797	798	799	800	891

Klebefläche

Sortiertafel für Stellenwerte

Tausender	Hunderter	Zehner	Einer

100er-Feld

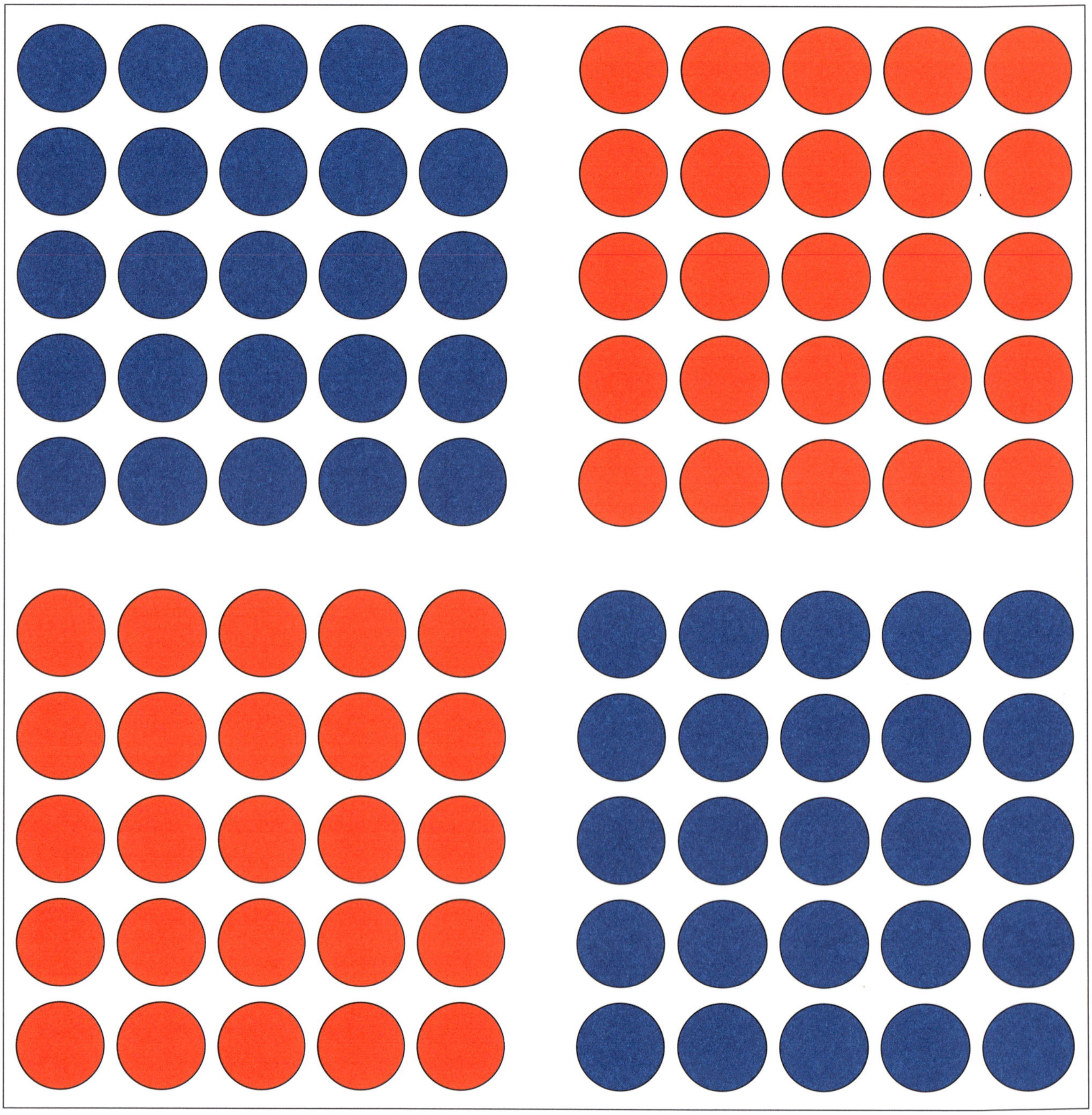

b) Schreibe die passende Aufgabe neben den Rechenstrich.

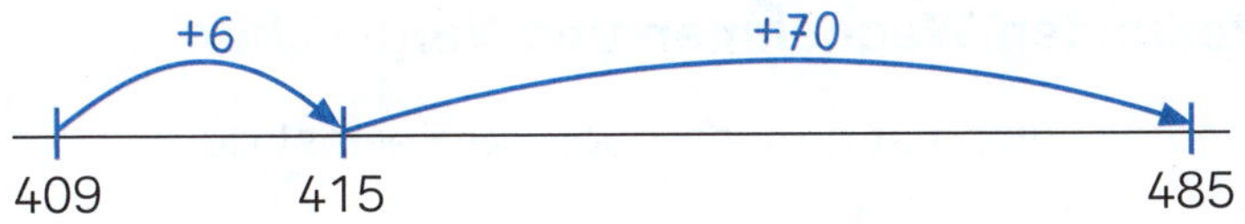

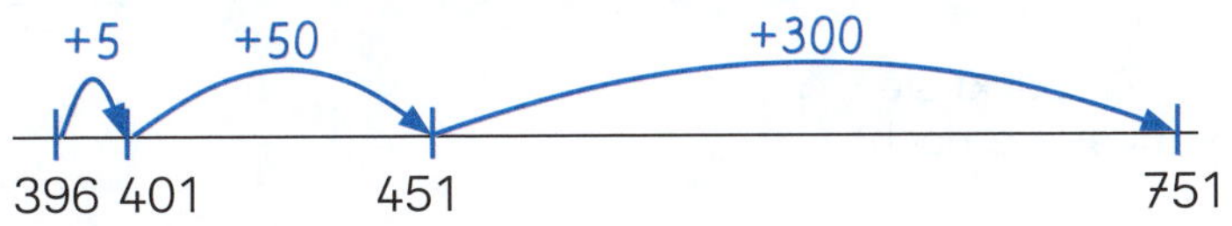

c) Entscheide jeweils, welche Hilfsaufgabe die richtige ist, und kreuze an.

345 + 399

- ☐ 345 + 400 – 1
- ☐ 345 + 400 + 1

567 + 898

- ☐ 567 + 900 + 2
- ☐ 567 + 900 – 2

548 + 1 750

- ☐ 550 + 1 750 + 2
- ☐ 550 + 1 750 – 2

10 001 + 777

- ☐ 10 000 + 777 +1
- ☐ 10 000 + 777 – 1

4. Ich kann mich für einen sinnvollen Rechenweg entscheiden.

Löse die folgenden Aufgaben auf deinem Weg.

- 7 945 + 8 617 = ______
- 2 100 + 7 900 = ______
- 2 409 + 3 985 = ______
- 3 333 + 9 999 = ______

Subtraktion

1. Ich kenne die Grundvorstellungen Wegnehmen und Vergleichen.

Wie stellst du dir die Aufgabe vor? Nimmst du weg oder vergleichst du? Kreuze an.

	wegnehmen	vergleichen
Julika hat 114 Kekse gebacken. 62 packt sie davon in eine Dose. Wie viele muss sie noch verpacken?		
Fred geht 1 450 m zu Fuß zur Schule. Bei Arno sind es 1 180 m. Wieviel weiter läuft Fred zur Schule?		
Momo spart für ein neues Smartphone. Es kostet 429 Euro. Er hat schon 398 Euro gespart. Wieviel muss er noch sparen?		
Cora darf in der Woche 280 min Medien nutzen. Sie hat schon 165 min verbraucht. Wie viele Minuten hat sie noch?		

TIPP

So zeichnest du Dienes-Material

Tausender:

Hunderter:

Zehner:

Einer:

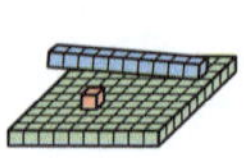

2. Ich kann Subtraktionsaufgaben in Sachsituationen finden und umgekehrt.

a) Lies die Sachaufgabe. Schreibe eine passende Rechnung. Löse.

Beim Spendenlauf hat die 5a 138 Runden geschafft. Die 5b war besser und hat 157 Runden geschafft. Um wie viel Runden besser war die 5b?

Beim Handballfinale der sechsten Klassen schauen 825 Personen zu. Beim Fußballfinale waren es eine Woche vorher sogar 1 038. Wie groß war der Unterschied?

b) Lege die Aufgabe passend mit Dienes-Material. Zeichne die Aufgabe auf und löse sie anschließend.

748 − 424

567 − 325

3. Ich kann Subtraktionsaufgaben auf verschiedenen Wegen lösen.

a) Löse mit der Umkehraufgabe.

818 – 694 = ______ 705 – 587 = ______

______ ______

> TIPP
> Die Umkehraufgabe zu 512 – 489 = ___ ist 489 + ___ = 512

b) Löse halbschriftlich. Zerlege die Aufgabe in sinnvolle Teilaufgaben.

1437 – 648 = 5374 – 2631 =

4. Ich kann mich für einen sinnvollen Rechenweg entscheiden.

a) Subtrahiere schriftlich. Schreibe erst die Aufgaben korrekt untereinander.

35 716 – 8 308 46 704 – 13 463

b) Wähle drei Aufgaben, die du leicht am Rechenstrich lösen kannst. Notiere jeweils die Aufgabe und zeichne sie am Rechenstrich ein.

304 – 287 765 – 552 606 – 591 829 – 654 426 – 367 411 – 399

1. ______

2. ______

3. ______

1. Ich kenne die Grundvorstellungen Wegnehmen und Vergleichen.

Es gibt verschiedene Handlungen, bei denen du subtrahierst:
Entweder wird eine Sache weniger oder von zwei Sachen ist eine weniger als die andere.

Betrachte die Beispiele mit Dienes-Material:

476 – 232

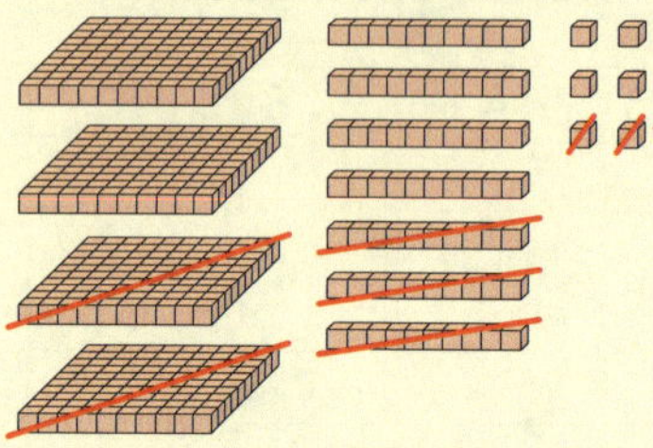

Ich nehme weg. Dafür streiche ich das Material durch, das weggenommen werden soll. Was bleibt übrig?

347 – 246

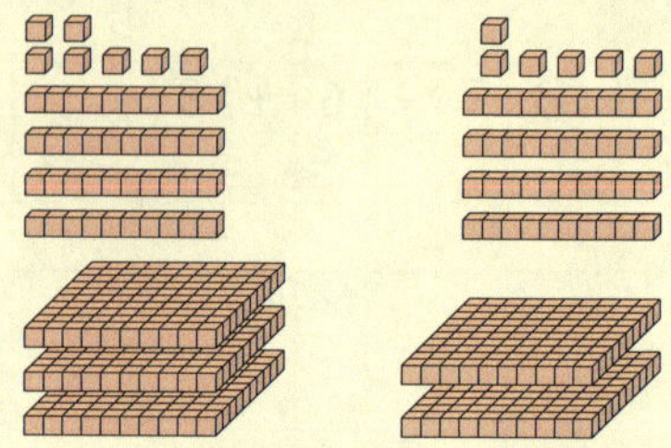

Ich vergleiche. Dafür lege ich das Material nebeneinander und betrachte den Unterschied. Wie viel fehlt?

Digital+
WES-144656-008

Schau dir auch das Video an. Bei manchen Aufgaben ergänzt oder vergleichst du, bei manchen nimmst du etwas weg. Beides ist Subtrahieren.

a) Verbinde die Bilder mit der richtigen Subtraktionsidee.
Was ist Wegnehmen und was ist Vergleichen?

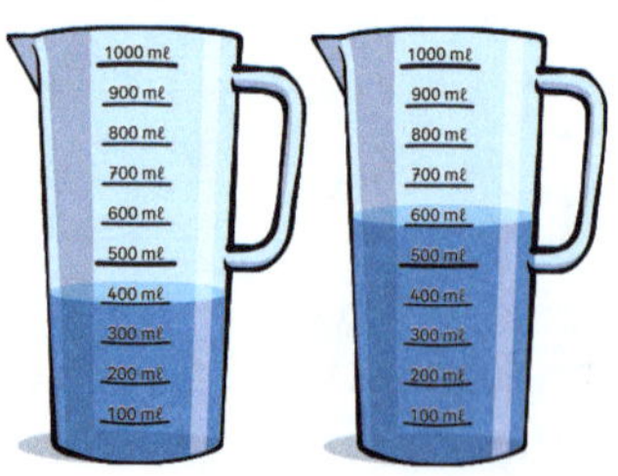

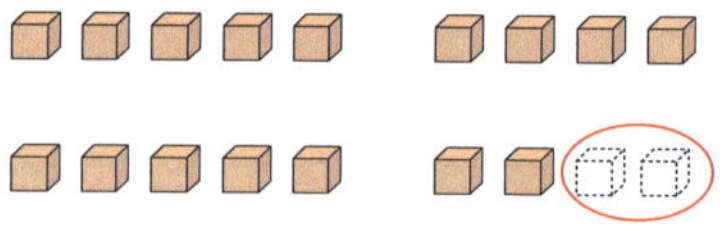

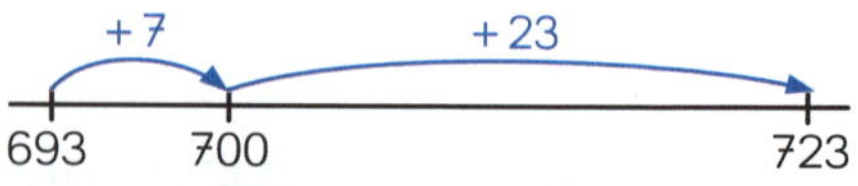

723-693: Wie viel fehlt von 693 zu 723?

Wegnehmen	Ergänzen/ Vergleichen

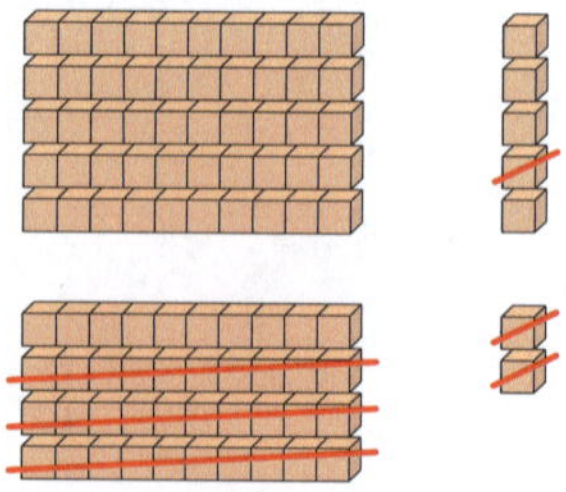

Typisch für Aufgaben zum Vergleichen:
Wie viel fehlt noch?
Wie viel mehr hat ...?
Was ist der Unterschied zwischen ...?

b) Finde zu zwei Bildern eine passende Aufgabe: Einmal zum Wegnehmen, einmal zum Vergleichen.

Wegnehmen: ______________________

Vergleichen: ______________________

2. Ich kann Subtraktionsaufgaben in Sachsituationen finden und umgekehrt.

Subtraktionsaufgaben darstellen: Zwei Beispiele

Aufgaben zu Längen und Entfernungen kannst du gut am Zahlenstrich darstellen. Er ist mit einem Maßband vergleichbar. Trage die Längen ein und überlege, wie viel noch fehlt.

Aufgabe: 258 – 69 = 189

Aufgaben zu Geld kannst du gut mit Scheinen und Münzen darstellen. Das Wegnehmen zeigst du durch Streichen.

Aufgabe: 59 – 23 = 36

Digital+
WES-144656-005

a) Schreibe zu den Sachaufgaben passende Aufgaben. Male immer auch ein passendes Bild. Tipp: Achte auf die Bilder im Merkkasten.

Simon möchte auf seiner Radtour 1250 km zurücklegen. Er hat nach einem Tag 95 km geschafft.

Aufgabe: ______________________

Maja und Murat vergleichen ihre Ersparnisse. Murat hat 856 Euro gespart, Maja hat 970 Euro gespart.

Aufgabe: ______________________

TIPP
Zeichne das Geld vereinfacht:
50
100

b) Schreibe zu den Bildern eine Rechengeschichte.

Rechengeschichte: Beschreibung für eine Rechnung, die in einem Bild zu erkennen ist.

Minuend – Subtrahend = Differenz

Digital+ WES-144656-006

3. Ich kann Subtraktionsaufgaben auf verschiedenen Wegen lösen.

Entscheide bei Subtraktionsaufgaben: Löse ich durch Wegnehmen oder Vergleichen? Den Unterschied solltest du kennen. Jetzt geht es um den richtigen Rechenweg.

Wegnehmen

1. Lege den Minuenden.
2. Ziehe schrittweise die einzelnen Stellen ab.
3. Entbündele, wenn es nötig ist.

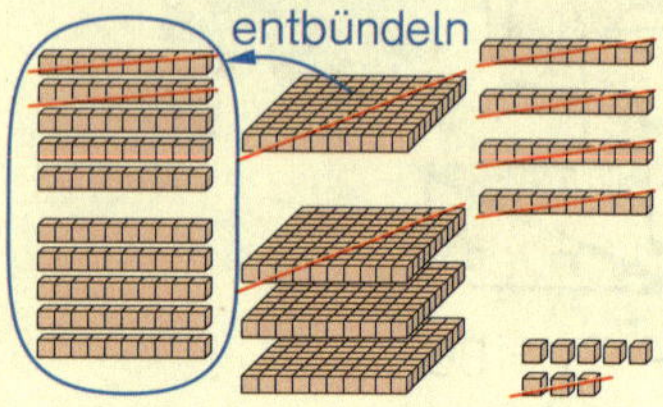

448 – 163 =
448 – 100 = 348
348 – 3 = 345
345 – 60 = 285

Vergleichen/Ergänzen

Minuend und Subtrahend sind nah beieinander. Überlege: Wie viel fehlt? Löse.
Tipp: Ergänze erst bis zum Nachbarhunderter.

a) mit Umkehraufgabe:
512 – 489 = ____ → 489 + 23 = 512
Also ist das Ergebnis: 512 – 489 = 23

b) mit dem Rechenstrich als Umkehraufgabe:

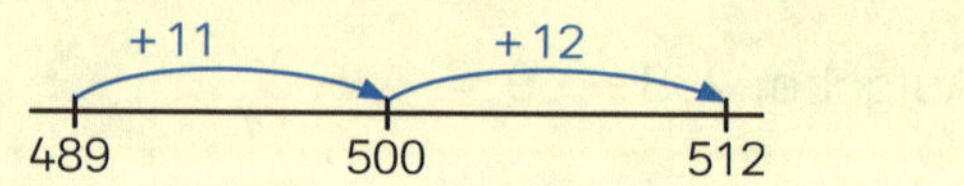

512 – 489 = ____ → 489 + 11 + 12 = 512
Also ist das Ergebnis: 512 – 489 = 23

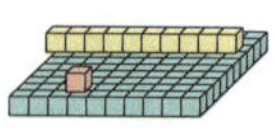

a) Löse die Aufgabe schrittweise durch Wegnehmen. Lege zuerst das Dienes-Material in die Sortiertafel für Stellenwerte. Notiere anschließend deinen Lösungsweg halbschriftlich.

Schrittweise: Erst T abziehen, dann H abziehen, dann Z abziehen, dann E abziehen

	3	5	1	–		2	1	3	=	1	3	8	
	3	5	1	–		2	0	0	=	1	5	1	
	1	5	1	–			1	0	=	1	4	1	
	1	4	1	–				3	=	1	3	8	

4	6	2	7	–	3	2	3	6	=	

5	3	0	2	–	2	5	8	0	=	

4	9	2	3	–	1	2	4	5	=	

b) Aufgaben lassen sich gut durch Vergleichen lösen, wenn Minuend und Subtrahend nahe beieinander liegen. Markiere vier Aufgaben farbig, die du durch Vergleichen lösen würdest.

4376 – 2749	837 – 564	1608 – 1589	1429 – 862
3011 – 2995	805 – 793	7908 – 3249	1012 – 999

Ergänzungsaufgabe: Nutze die Umkehraufgabe aus der Addition.

c) Löse die in b) markierten Aufgaben durch eine Ergänzungsaufgabe.
Prüfe erst: Wie viel fehlt bis zum vollen Hunderter / Tausender?
Ergänze dann in Schritten im Kopf.

d) Löse am Rechenstrich.
Trage Minuend und Subtrahend am Rechenstrich ein.
Überlege dann: Wie viel fehlt vom Minuend bis zum Subtrahend? Ergänze.

811 – 792 = ______ ______

1 524 – 1 496 = ______ ______

2 708 – 2 594 = ______ ______

TIPP
Der Minuend steht am Rechenstrich rechts vom Subtrahenden.

Aufgaben vereinfachen

Viele Aufgaben kann ich so umformen, dass sie einfacher werden.

13 Äpfel – 9 Äpfel = 4 Äpfel → 14 Äpfel – 10 Äpfel = 4 Äpfel

Ich habe einen Apfel mehr.
Also muss ich auch einen mehr wegnehmen, um auf das gleiche Ergebnis zu kommen.
Diese Rechnung ist hier einfacher, da ich einen vollen 10er abziehe.

e) Löse die folgenden Aufgaben, indem du sie wie im Merkkasten vereinfachst.

Beispiel: 462 – 294 = 168 → 468 – 300 = 168

656 – 137 = ______ → ______

861 – 392 = ______ → ______

1 435 – 118 = ______ → ______

3 752 – 2 394 = ______ → ______

4. Ich kann mich für einen sinnvollen Rechenweg entscheiden.

Digital+ WES-144656-007

a) Löst du die Aufgaben im Kopf, halbschriftlich oder am Rechenstrich? Markiere grün für Kopfrechnen, gelb für halbschriftliches Rechnen und blau für Rechenstrich.

2 456 – 845	4 811 – 3 200	347 – 131	936 – 582
723 – 689	746 – 283	2 340 – 230	918 – 892

1. Ich kenne die Grundvorstellungen Wegnehmen und Vergleichen.

- Wegnehmen oder Vergleichen? Verbinde.

Wegnehmen

Vergleichen

Jil hat zum Shoppen 350 Euro dabei. 185 Euro hat sie bereits ausgegeben.

Anne pflanzt Blumenzwiebeln. Sie hat 80 Stück. 35 hat die bereits gepflanzt.

Marks Schulweg ist 1 350 m lang. Unas Schulweg ist 1 180 m lang.

Joko macht eine Radtour. Er ist bereits 45 km von 95 km gefahren.

2. Ich kann Subtraktionsaufgaben in Sachsituationen finden und umgekehrt.

a) Schreibe zu dem Bild eine passende Aufgabe. Löse.

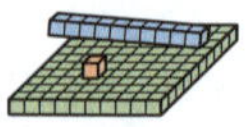

b) Lege die Aufgabe passend mit Dienesmaterial. Löse dann.
Zeichne deine Rechnung auf.

438 – 256 = ______

567 – 289 = ______

3. Ich kann Subtraktionsaufgaben auf verschiedenen Wegen lösen.

a) Schreibe zu den Ergänzungsaufgaben eine passende Subtraktionsaufgabe.

538 + ________ = 792   708 + ________ = 995   639 + ________ = 984

____________________   ____________________   ____________________

b) Ergänze sinnvoll. Beende die halbschriftlichen Aufgaben.

2	3	9	4	–		3		=							4	5	4	6	–	2			=					
2	3	9	4	–	6	0	0	=			9	4			4	5	4	6	–				=			4	6	
		9	4	–				=									4	6	–				=	4	2	7	6	
				–			8	=	1	7	5	6							–				=	4	2	6	8	

4. Ich kann mich für einen sinnvollen Rechenweg entscheiden.

a) Untersuche die Aufgaben. Sind sie leicht, mittel oder schwer? Verbinde.

547 – 283

1406 – 1398

5205 – 3427

2671 – 428

Leicht, weil Minuend und Subtrahend nah beieinander sind.

Mittel, weil auch mal entbündelt werden muss.

Schwer, weil die Zahlen groß sind und viel entbündelt werden muss.

8308 – 8289

7309 – 5762

612 – 597

976 – 758

b) Wähle zwei von den acht Aufgaben aus a). Löse sie am Rechenstrich.

Aufgabe: ____________________   ____________________

Aufgabe: ____________________   ____________________

c) Löse eine mittelschwere Aufgabe aus a), indem du sie zuerst vereinfachst.

Aufgabe: ____________________

Vereinfachte Aufgabe: ____________________

Multiplikation

1. Ich habe Grundvorstellungen zur Multiplikation.

Nenne zu jedem Punktebild die passende Malaufgabe und das Ergebnis.

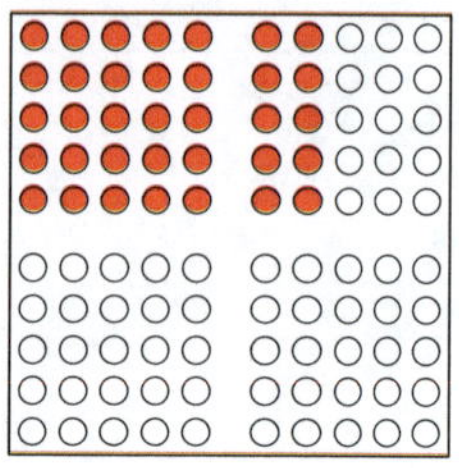 ______

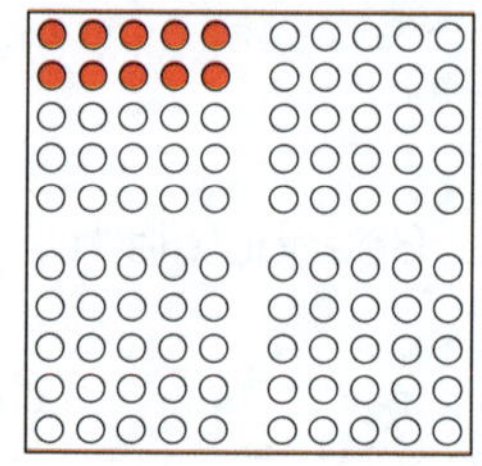 ______

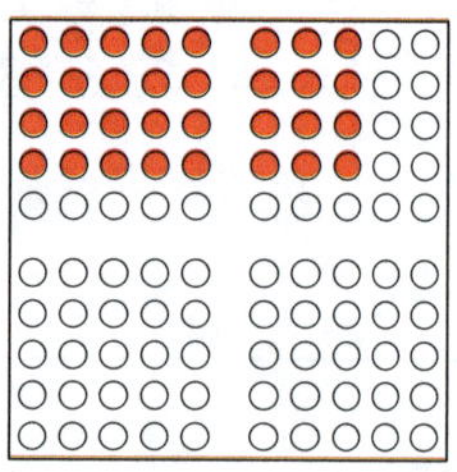 ______

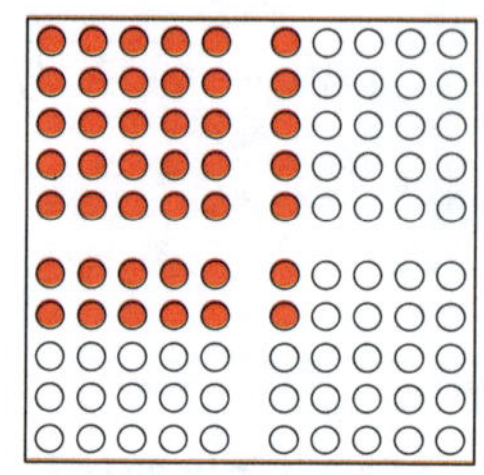 ______

2. Ich kann Multiplikationsaufgaben in Sachsituationen finden und umgekehrt.

Schreibe zu jedem Satz eine passende Aufgabe.

Paul isst jeden Tag in der Woche zwei Brötchen.	Mia hat 15 Sticker. Ihre Freundin Sarah hat dreimal so viele.	Lukas kauft vier Beutel Orangen mit jeweils fünf Stück.
______	______	______

3. Ich kann Aufgaben auf verschiedenen Wegen lösen.

a) Notiere zuerst die Kernaufgabe. Löse dann.

$9 \cdot 4 =$ ______ $7 \cdot 8 =$ ______ $6 \cdot 7 =$ ______ $4 \cdot 7 =$ ______

b) Nutze das Assoziativgesetz und rechne die leichte Aufgabe zuerst.

$3 \cdot 70 =$ ______ $40 \cdot 9 =$ ______ $20 \cdot 80 =$ ______ $600 \cdot 5 =$ ______

TIPP
Kernaufgabe: Aufgabe aus der 1er, 2er, 5er 10er-Reihe

TIPP
Assoziativgesetz:
Bei z. B. der Multiplikation $5 \cdot 8 \cdot 10$ ist es für die Gesamtlösung egal, ob du zuerst $5 \cdot 8$ oder zuerst $8 \cdot 10$ berechnest.

c) Löse die Aufgaben. Schreibe deine Teilschritte auf.

$417 \cdot 5$

$199 \cdot 8$

$283 \cdot 6$

$50 \cdot 77$

4. Ich kann mich für einen sinnvollen Rechenweg entscheiden.

Zeichne die Aufgabe $12 \cdot 15$ am 400er Punktefeld ein und schreibe die Teilaufgaben auf.

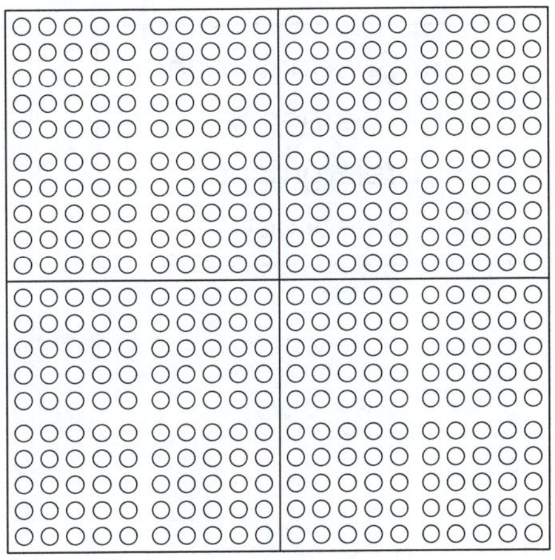

1. Ich kenne Grundvorstellungen zur Multiplikation.

Eine Malaufgabe kannst du am Punktefeld darstellen, indem du die Anzahl der Reihen mal der Punkte pro Reihe nimmst.

Hier siehst du die Aufgabe 5 · 8, also 5 Reihen mit 8 Punkten.

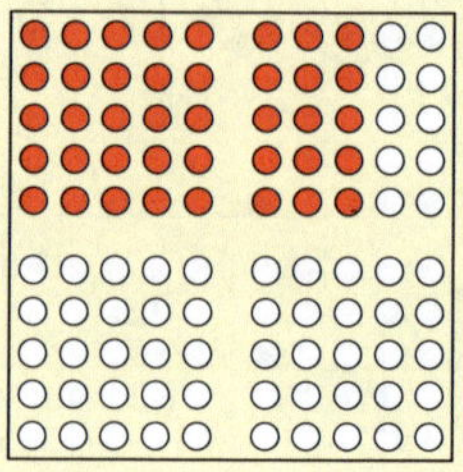

Digital+
WES-144656-009

TIPP
Punktefeld: 10 Reihen mit 10 Punkten zum Darstellen von Malaufgaben

Zeichne die Malaufgaben in das Punktefeld ein.

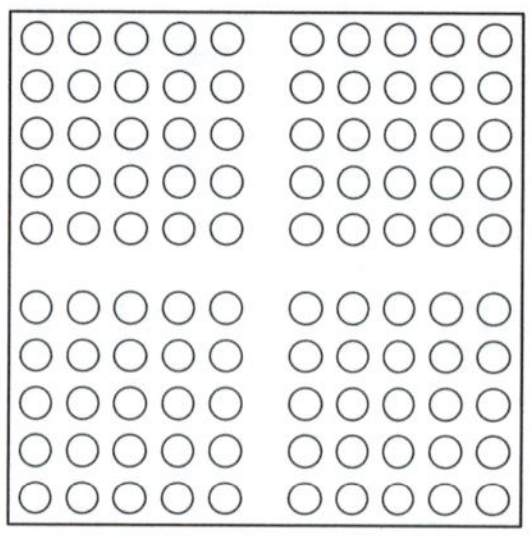

7 · 4

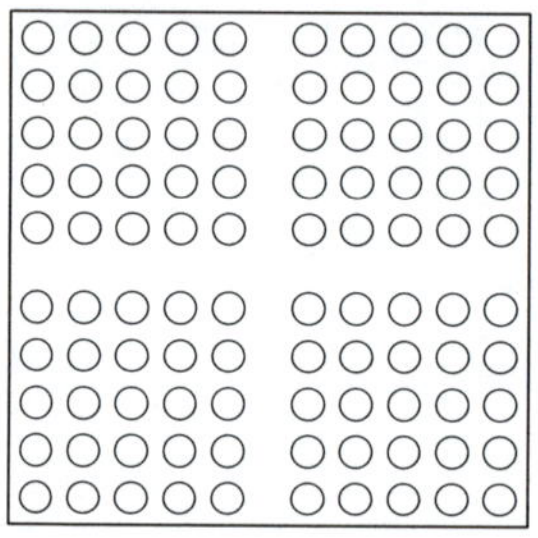

3 · 6

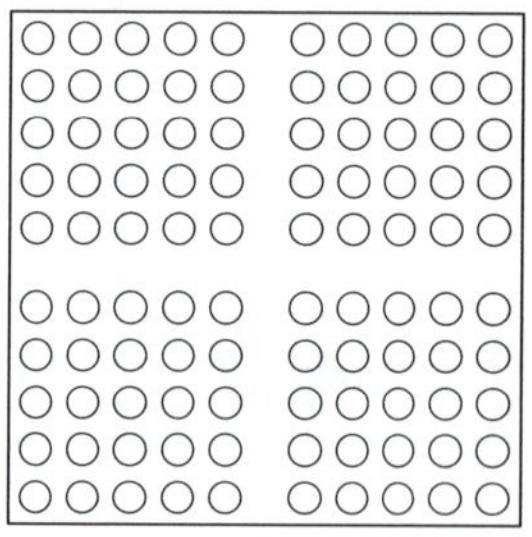

5 · 9

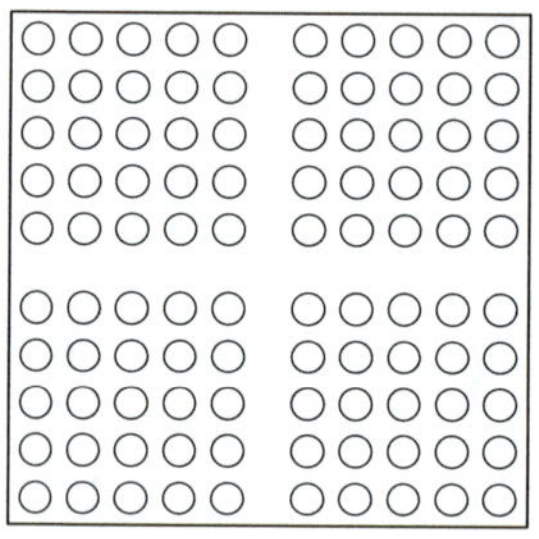

2 · 8

2. Ich kann Multiplikationsaufgaben in Sachsituationen finden und umgekehrt.

Digital+
WES-144656-005

a) Unterstreiche in den Sätzen zuerst die Informationen, die auf eine Malaufgabe hinweisen. Zeichne dann ein passendes Bild dazu. Es kann auch ein Punktebild sein.

Im Sportunterricht werden 5 Dreiergruppen gebildet.	Jan hat 6 Körbe geworfen. Paul hat 5-mal so oft den Korb getroffen.	Mama schneidet den Kuchen in 3 Reihen mit jeweils 8 Stücken.

b) Erfinde zu den folgenden Aufgaben eine passende Sachsituation.

$7 \cdot 8$

____

____

$12 \cdot 25$

____

____

3. Ich kann Malaufgaben auf verschiedenen Wegen lösen.

Als Kernaufgaben bezeichnet man die Aufgaben der 1er-, 2er-, 5er- und 10er-Reihe. Außerdem gehören die Quadrataufgaben $1 \cdot 1$, $2 \cdot 2$, $3 \cdot 3$ usw. dazu.

Wenn du die Kernaufgaben auswendig kennst, kannst du dir schwierigere Aufgaben daraus ableiten.

Bespiel: $5 \cdot 6 = 30$ weil $5 \cdot 5 = 25$ und $5 \cdot 1 = 5$ sind

a) Löse die Kernaufgaben der 4er-Reihe.

$1 \cdot 4 =$ ____ $2 \cdot 4 =$ ____ $4 \cdot 4 =$ ____ $5 \cdot 4 =$ ____ $10 \cdot 4 =$ ____

b) Löse nun die restlichen Quadrataufgaben.

$2 \cdot 2 =$ ____ $5 \cdot 5 =$ ____ $7 \cdot 7 =$ ____ $9 \cdot 9 =$ ____

$3 \cdot 3 =$ ____ $6 \cdot 6 =$ ____ $8 \cdot 8 =$ ____ $10 \cdot 10 =$ ____

TIPP
Kernaufgabe: Aufgabe aus der 1er, 2er, 5er, 10er-Reihe und die Quadrataufgaben

c) Finde die passende Kernaufgabe und verbinde.

$9 \cdot 8$	$6 \cdot 8$	$3 \cdot 4$	$6 \cdot 9$	$6 \cdot 7$
$6 \cdot 10$	$5 \cdot 7$	$9 \cdot 9$	$5 \cdot 8$	$2 \cdot 4$

d) Zerlege zuerst die Zehnerzahl wie im Beispiel und rechne dann.

$3 \cdot 90 = 3 \cdot 9 \cdot 10$ oder $700 \cdot 4 = 7 \cdot 100 \cdot 4$

$6 \cdot 80 =$ ____ $500 \cdot 7 =$ ____ $90 \cdot 5 =$ ____ $5 \cdot 600 =$ ____

____ ____ ____ ____

Beim halbschriftlichen Rechnen schreibst du alle Teilschritte auf. Du kannst die Zahl beim Rechnen in Einer, Zehner und Hunderter zerlegen aber auch alle anderen Aufgaben nutzen, die du leicht rechnen kannst. Das hängt oft von der Aufgabe ab.

Zum Beispiel:

715 · 3	700 · 3 = 2100; 10 · 3 = 30; 5 · 3 = 15	2100 + 30 + 15 = 2145
499 · 6	500 · 6 = 3000; 1 · 6 = 6	3000 − 6 = 2994
75 · 50	75 · 100 = 7500	7500 : 2 = 3750

e) Löse die Aufgaben auf deinem Weg.

258 · 3

699 · 7

50 · 412

925 · 8

f) Bilde mit den abgebildeten Ziffern zweistellige Zahlen in einer Multiplikationsaufgabe. Nutze das Legematerial.
Multiplikation mit:

dem größten Produkt: ___ ___ · ___ ___

dem zweitgrößten Produkt: ___ ___ · ___ ___

Tipp: Schreibe dir deine Rechnungen mit Teilschritten auf.

4. Ich kann mich für einen sinnvollen Rechenweg entscheiden.

a) Hier siehst du die Aufgabe 13 · 16 am Punktefeld. Rechne alle Teilaufgaben im Malkreuz aus.

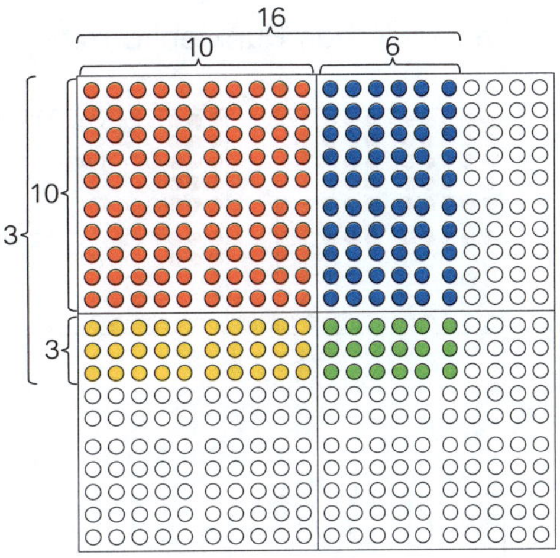

·	10	6
10		
3		

Lösung: 13 · 16 = ____ + ____ + ____ + ____ = ____

b) Welche Aufgabe ist am Punktefeld dargestellt? Zerlege die Faktoren und trage sie in das Malkreuz ein. Rechne alle Teilaufgaben aus.

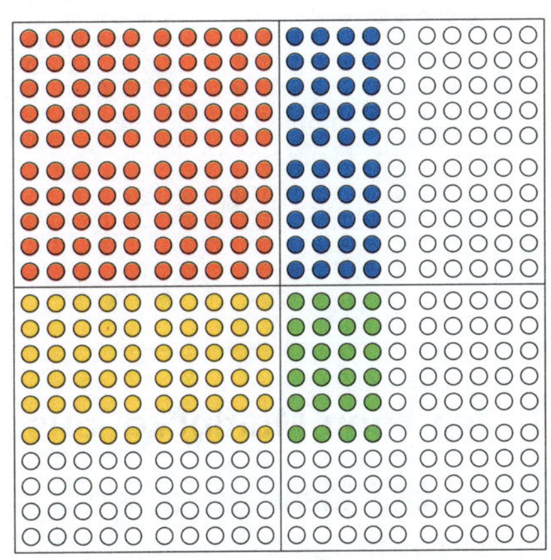

·		

Lösung: 16 · 14 = ____ + ____ + ____ + ____ = ____

c) Trage die Aufgabe 15 · 17 in das Punktefeld ein. Berechne alle Teilaufgaben im Malkreuz. Addiere rechts neben der Tabelle immer zwei Teilaufgaben. Die Farben helfen dir. Die Summe daraus ist das Gesamtergebnis. Addiere unter jeder Spalte immer zwei Teilaufgaben. Die Summe daraus ist auch das Gesamtergebnis. Trage es ein.

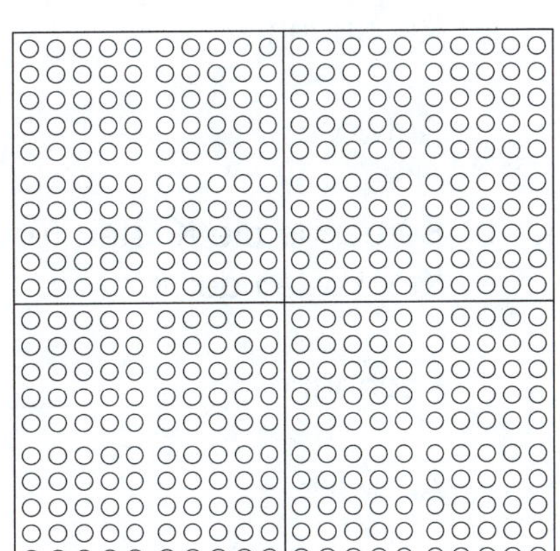

·			
			____ (rot + blau)
			____ (gelb + grün)
	____ (rot + gelb)	____ (blau + grün)	____

TIPP
Mit dem Malkreuz kannst du Aufgaben aus dem großen Einmaleins gut berechnen.

1. Ich habe Grundvorstellungen zur Multiplikation.

Verbinde das Punktebild mit der richtigen Aufgabe.

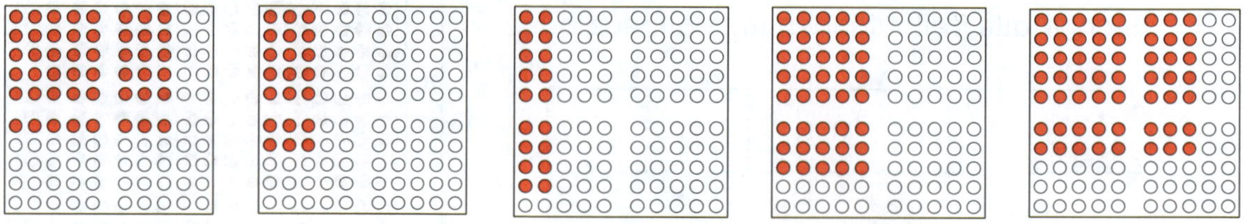

$7 \cdot 3$	$4 \cdot 3$	$9 \cdot 2$	$8 \cdot 5$	$9 \cdot 6$	$2 \cdot 7$	$6 \cdot 8$	$7 \cdot 8$	$3 \cdot 8$	$5 \cdot 6$

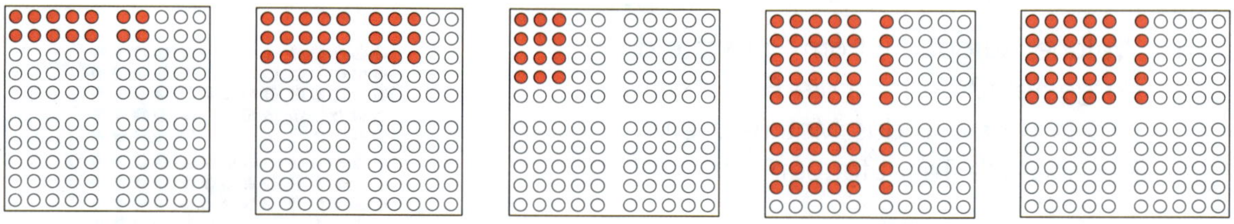

2. Ich kann Multiplikationsaufgaben in Sachkontexten lösen und umgekehrt.

In die Klasse 5a gehen 23 Kinder. Nächste Woche wollen sie ins Kino gehen. Dazu müssen sie mit dem Bus fahren. Eine Fahrkarte kostet 2 Euro.

a) Berechne die Kosten für den Bus.

Rechnung: ______________________

Antwort: ______________________

b) Berechne die Kosten für die Kinokarten der Klasse.

Rechnung: ______________________

Antwort: ______________________

c) Die Klasse wird von Frau Krüger und Pauls Mutter begleitet. Berechne den Preis für die Kinokarten der Erwachsenen.

Rechnung: ______________________

Antwort: ______________________

3. Ich kann Multiplikationsaufgaben auf verschiedenen Wegen lösen.

a) Ingo rechnet so:

Beschreibe Ingos Rechenweg und erkläre, warum er so rechnen darf.

7	0	·		6	0	=	7	·	1	0	·	6	·	1	0
	7	·			6	=			4	2					
1	0	·		1	0	=		1	0	0					
4	2	·	1	0	0	=	4	2	0	0					

____

____

____

____

b) Jan rechnet die Aufgabe 16 · 19 mit einer Hilfsaufgabe. An welcher Stelle hat er einen Fehler gemacht? Streiche durch und notiere das richtige Ergebnis daneben.

16 · 20 = 320
16 · 1 = 16
16 · 19 = 336

____

4. Ich kann mich für einen sinnvollen Rechenweg entscheiden.

Lisa rechnet die Aufgabe 13 · 17.
Als Ergebnis erhält sie 121. Kontrolliere ihre Rechnungen und korrigiere sie.

·		

+ ______ ______ ______ ______

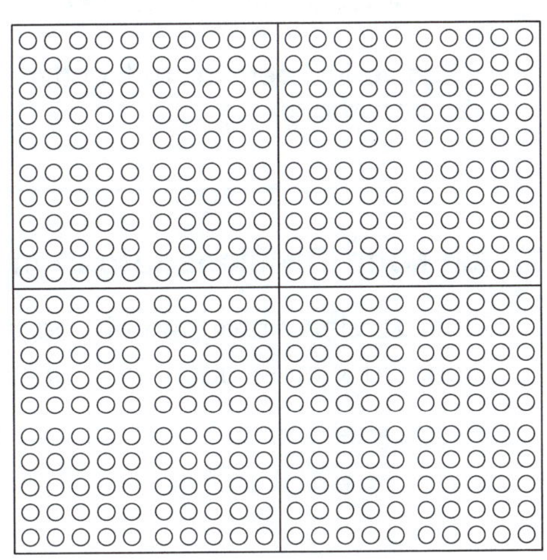

Division

1. Ich kenne die Grundvorstellung Verteilen und Aufteilen.

a) In welchen Situationen wird geteilt? Färbe die Aufgaben ein, die auf eine Teilungsaufgabe hinweisen.

Die Klasse 3c bildet 4er-Gruppen.	Ben hat einen Kuchen gebacken. Er schneidet ihn in 16 Stücke.	Herr Graf kauft 6 Kugelschreiber. Einen gibt er zurück.
Josi legt von den 22 Aufgabenblättern immer zwei Stück auf einen Tisch.	Murat sortiert seine Bücher. Er macht drei Stapel mit je 8 Büchern.	Amy kauft eine Zeitung. Sie zahlt mit zwei 2 €-Münzen und einer 1 €-Münze.

b) Aufteilen oder verteilen? Kreuze an.
Beim Aufteilen und Verteilen werden immer gleichgroße Portionen aus einer Gesamtmenge gebildet. Beim Aufteilen ist die Größe der Portionen bekannt. Beim Verteilen ist die Anzahl der Portionen bekannt.

	Aufteilen	Verteilen
Line packt von ihren 24 Bonbons immer 6 Stück in eine Tüte.		
Jury und Selin teilen die Gummibärchen gerecht unter sich auf.		
Tim geht joggen. Er läuft 4 km. Immer nach 500 m macht er eine kleine Pause.		
Die 27 Kinder der 4b bilden im Sport 3er-Gruppen zum Aufwärmen.		
Olga verteilt gerecht 18 Mandarinen in 2 Obstschalen.		

2. Ich kann Divisionsaufgaben in Sachsituationen finden und umgekehrt.

Male zu den Aufgaben ein passendes Bild.
Tipp: Du kannst auch ein Punktebild malen.

30 : 6 = ______   42 : 7 = ______   16 : 4 = ______

3. Ich kann Divisionsaufgaben auf verschiedenen Wegen lösen.

Die Division kann man auch als Umkehrung der Multiplikation sehen.
Ordne den Punktebildern je zwei Multiplikationsaufgaben und je zwei Divisionsaufgaben zu.

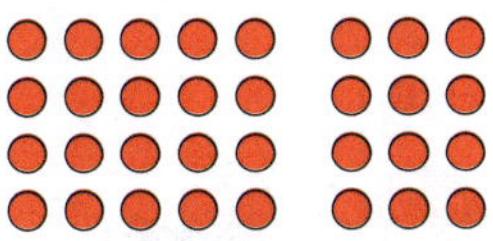

1) ______
2) ______
3) ______
4) ______

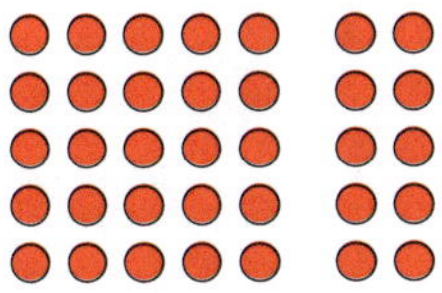

1) ______
2) ______
3) ______
4) ______

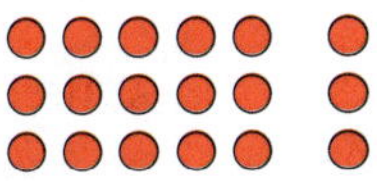

1) ______
2) ______
3) ______
4) ______

Nutze die Rechenvorteile. Notiere immer die Kernaufgabe. Löse dann.

63 : 7 = ______ 96 : 8 = ______ 36 : 4 = ______ 27 : 3 = ______

Löse die Aufgaben. Zerlege in sinnvolle Teilaufgaben.

78 : 6 = ______ 112 : 7 = ______ 136 : 8 = ______

4. Ich kann mich für einen sinnvollen Rechenweg entscheiden.

Löst du die Aufgaben im Kopf, halbschriftlich oder am Rechenstrich?
Markiere grün für Kopfrechnen, gelb für halbschriftliches Rechnen und blau für das Rechnen am Rechenstrich.

360 : 9	865 : 5	45 : 5	69 : 3
238 : 7	132 : 11	14 : 7	924 : 6

1. Ich kenne die Grundvorstellung Verteilen und Aufteilen.

Digital+
WES-144656-010

Aufteilen und verteilen unterscheiden

Schau, was beim Aufteilen und beim Verteilen mit den Dingen passiert. Sie werden ganz anders geteilt.

Aufteilen

Immer zwei werden auf einen Teller gelegt. Wie viele Teller sind es am Ende?

Verteilen

Vier Teller stehen da. Reihum werden die Äpfel verteilt. Wie viele sind es am Ende pro Teller?

Spiele nach. Notiere dann die Aufgabe mit Lösung.

Aufteilen: Nimm dir 15 Stifte. Lege immer 3 Stifte auf einen Haufen. Wie viele Haufen kannst du bilden?

Die passende Aufgabe lautet: ____________

Verteilen: Male insgesamt 48 Punkte auf das Blatt Papier.Verteile sie gleichmäßig auf acht Reihen. Wie viele Punkte sind in einer Reihe?

Die passende Aufgabe lautet: ____________

Verteilen: Nimm 16 Dienes-Einer. Verteile sie auf vier Haufen. Wie viele Einer sind auf einem Haufen?

Die passende Aufgabe lautet: ____________

Aufteilen: Nimm 14 Dienes-Zehner. Lege immer zwei Stück auf einen Haufen. Wie viele Haufen kannst du bilden?

Die passende Aufgabe lautet: ____________

2. Ich kann Divisionsaufgaben in Sachsituationen finden und umgekehrt.

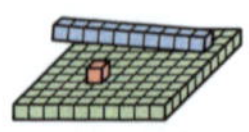

Digital+
WES-144656-005

a) Male zu den Aufgaben ein passendes Bild.
Tipp: Stelle dir die Aufgabe mit Dienes vor.

15 : 3 = ______ 12 : 4 = ______ 330 : 3 = ______

b) Schreibe zu der Rechenaufgabe immer eine passende Sachaufgabe.

63 : 7 = ______ ______________________________

____

____

36 : 12 = ______ ______________________________

____

____

____

3. Ich kann Divisionsaufgaben auf verschiedenen Wegen lösen.

Die Division und die Multiplikation gehören zusammen. Du kannst eine Situation oder ein Bild einmal als eine Teilungshandlung oder als Malaufgabe verstehen. Schaue dir das Bild an.

Ich sehe 3 Reihen mit je 4 Punkten. Es sind $3 \cdot 4 = 12$ Punkte.

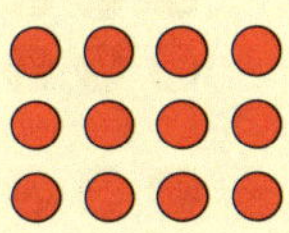

Ich sehe 12 Punkte. Immer 4 Punkte sind in einer Reihe. Es sind $12 : 4 = 3$ Reihen.

a) Finde im Punktefeld eine Divisionsaufgabe. Begründe, warum sie passt.

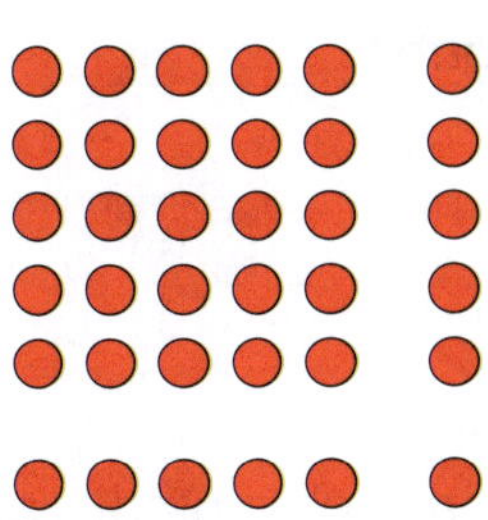

Die Aufgabe heißt ______________________

und passt, weil

____

____

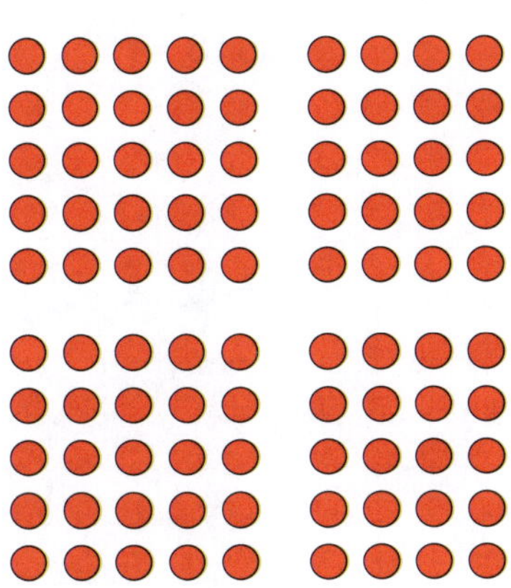

Die Aufgabe heißt: ______________________

und passt, weil

____

____

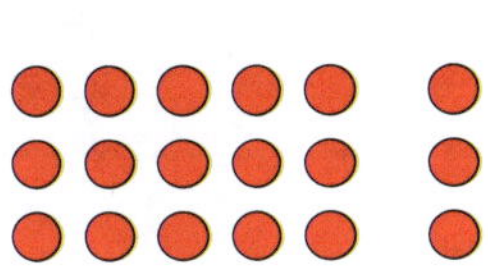

Die Aufgabe heißt: ______________________

____

____

b) Für welche Aufgaben helfen dir welche Kernaufgaben? Verbinde.
Achtung: Zu einer Kernaufgabe können mehrere Aufgaben gehören.

Kernaufgabe: eine leichte Aufgabe, die dir hilft, eine schwere Aufgabe zu lösen.

60 : 6   70 : 7   20 : 4

48 : 6   84 : 7   24 : 4   63 : 7   54 : 6   28 : 4

c) Markiere im Punktebild immer erst die leichte Kernaufgabe. Finde dann die Aufgabe zum gesamten Punktebild.

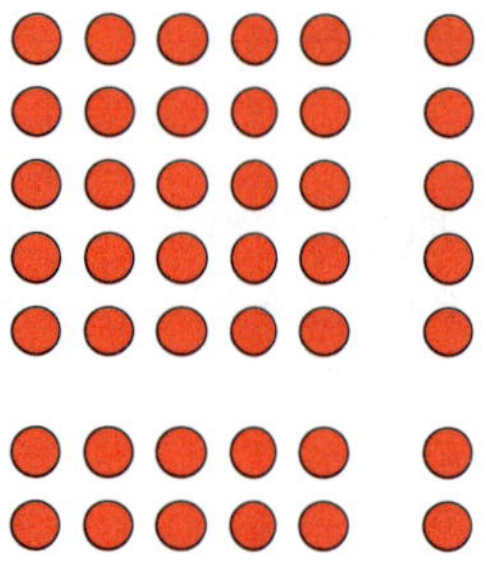

Kernaufgabe: ____________

Aufgabe: ____________

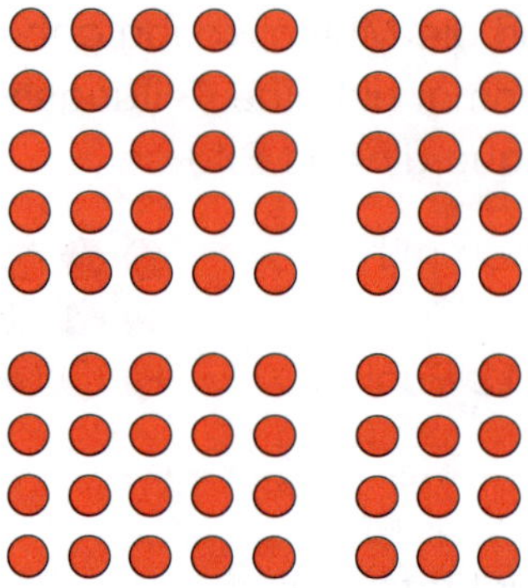

Kernaufgabe: ____________

Aufgabe: ____________

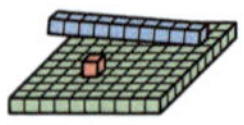

d) Löse die Aufgaben. Zerlege in sinnvolle Teilaufgaben.
Tipp: Lege erst mit Dienes-Material. Schau dir vorher noch einmal das Video an.

78 : 6 = ________   112 : 7 = ________   136 : 8 = ________

e) Sieh dir die Bilderfolge zum Teilen mit Dienes-Material an. Schreibe zu jedem Bild, was passiert.

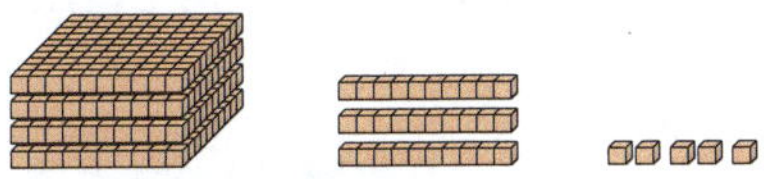

Die Aufgabe ist 435 : 3 = ___
Hier ist das Dienes-Material zu sehen, das verteilt werden soll.

1. Bild:

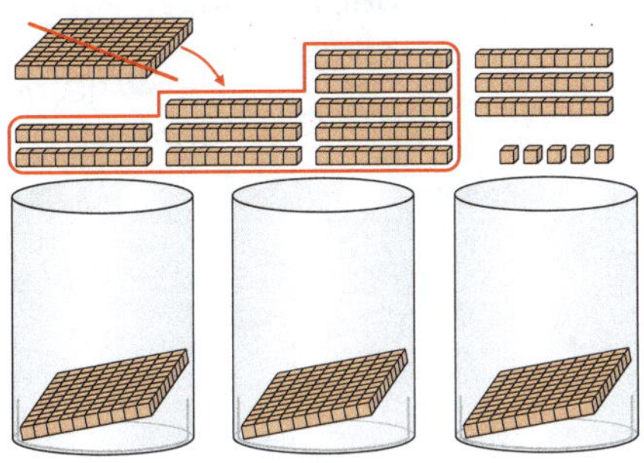

2. Bild:

3. Bild:

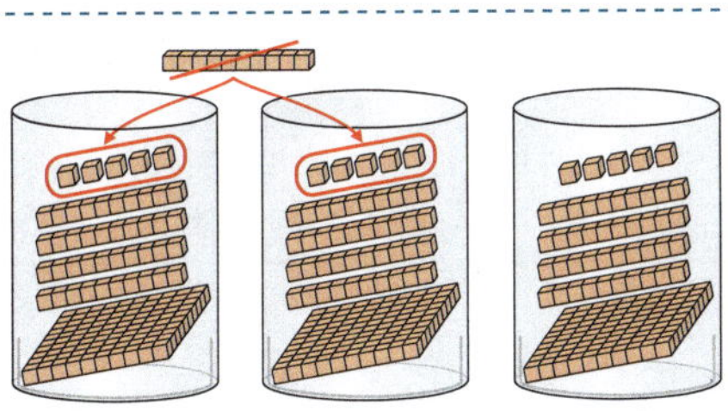

4. Bild:

4. Ich kann mich für einen sinnvollen Rechenweg entscheiden.

Im Kopf, halbschriftlich oder schriftlich? Untersuche die Aufgaben.
Kreuze an: K für Kopfrechnen, H für halbschriftlich, S für schriftlich.

- Nutze das 100er-Punktefeld. Welche Aufgaben kannst du hier darstellen? Diese Aufgaben kannst du im Kopf rechnen.
- Welche Aufgaben haben 4 Stellen oder werden durch eine zweistellige Zahl geteilt? Diese Aufgaben sind zum schriftlichen Rechnen.
- Welche Aufgaben teilen eine Menge kleiner als 1 000 durch eine einstellige Zahl? Diese Aufgaben sind gut zum halbschriftlichen Rechnen.

Digital+
WES-144656-007

1 344 : 12	77 : 7	726 : 6	54 : 9	1 944 : 8
K H S	K H S	K H S	K H S	K H S

1. Ich kenne die Grundvorstellung Verteilen und Aufteilen.

a) In welcher Situation wird geteilt? Schreibe unter die Divisionsaufgabe immer eine Rechenaufgabe.

Die Schüler sitzen an Vierertischen. Es stehen insgesamt 6 Tische im Raum.

____

In der Aula verteilen sich die 120 Kinder in 8 gleichlange Reihen.

____

Jona hat pro Woche 210 min Medienzeit.
Er verteilt die Zeit gleichmäßig auf alle Tage.

____

In der 6b zeichnen die 22 Kinder in Geometrie jeweils 7 Vierecke.

____

b) Aufteilen oder verteilen? Kreuze an.

	Aufteilen	Verteilen
Jan teilt gerecht die 28 Bastelbögen auf. Er legt sie nacheinander auf die 7 Tische.		
Timur macht in Etappen eine 27 km – Wanderung. Jede Etappe ist 3 km lang.		
In den 90 min Matheunterricht sollen die Schüler alle 15 min eine neue Lernstation besuchen.		
Lea füllt ihre frisch gebackenen Kekse in Tüten. Es sind 800 g. Immer 100 g sollen in einer Tüte sein.		
Paolo und Luna teilen sich gerecht die 18 Kekse aus der Tüte.		

2. Ich kann Divisionsaufgaben in Sachsituationen finden und umgekehrt.

Schreibe zur Sachsituation eine Aufgabe auf. Male ein passendes Bild.

Sachsituation:	Aufgabe:	Bild:
Für ein Fest möchte die 5c 55 Kraniche falten. Es sind 11 Schülerinnen und Schüler. Wie viele Kraniche muss jeder falten?	______________________ ______________________ ______________________	

3. Ich kann Divisionsaufgaben auf verschiedenen Wegen lösen.

a) Ordne den Punktebildern jeweils eine Division- und eine Malaufgabe zu.

15 : 5 24 : 6 30 : 6

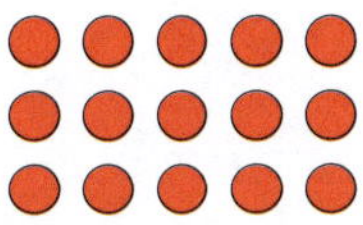

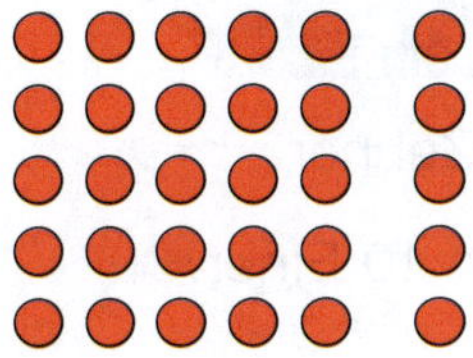

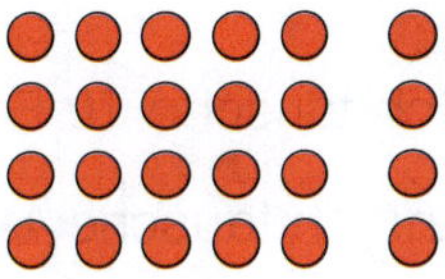

4 · 6 3 · 5 5 · 6

b) Nutze die Rechenvorteile.
Notiere zu den Kernaufgaben immer zwei Aufgaben, die du mit der Kernaufgabe lösen kannst.

60 : 6 = ____	20 : 4 = ____	40 : 8 = ____	90 : 9 = ____
66 : 6 = ____	= ____	= ____	= ____
54 : 6 = ____	= ____	= ____	= ____

c) Löse die Aufgaben. Zerlege in sinnvolle Teilaufgaben.

144 : 6 = ____	231 : 7 = ____	172 : 4 = ____

4. Ich kann mich für einen sinnvollen Rechenweg entscheiden.

Betrachte die Aufgaben. Löse nur die Aufgaben, die du leicht findest.

488 : 8 = ____

729 : 9 = ____

984 : 6 = ____

600 : 5 = ____

Begriffe, die du kennen solltest

Stellenwerte

- Einer
- Zehner
- Hunderter
- Tausender

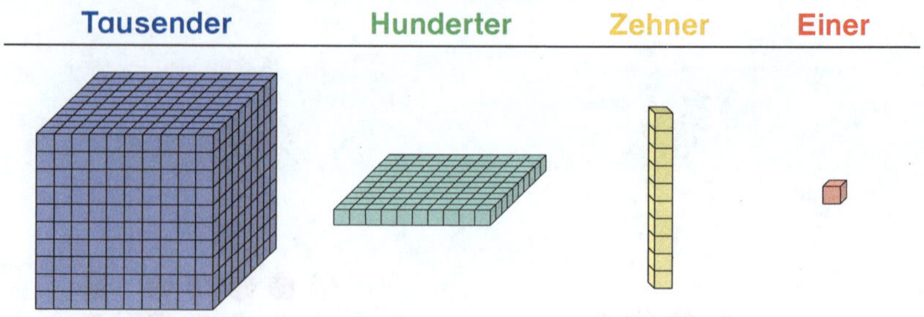

- Bündeln: Ich tausche 10 Einer gegen 1 Zehner.
- Entbündeln: Ich tausche 1 Zehner gegen 10 Einer.

Addition

2 + 3 = 5
Summand + Summand = Summe

Zusammenfassen	**Hinzufügen**
Zwei Mengen werden zu einer Menge zusammen gefasst.	Zu einer vorhandenen Menge wird eine andere Menge hinzugefügt.

Subtraktion

8 – 5 = 3
Minuend – Subtrahend = Differenz

Wegnehmen	**Vergleichen**
Von einer Menge wird ein Teil weggenommen.	Wie groß ist der Unterschied zwischen zwei Mengen?

Multiplikation

8 · 5 = 40
Faktor · Faktor = Produkt

Räumlich Anordnen	**Wiederholen**
Die Menge (Produkt) ergibt sich aus der Multiplikation von Reihen und Spalten.	Das Produkt entsteht durch Wiederholung einer Handlung.

Division

8 : 4 = 2
Dividend : Divisor = Quotient

Aufteilen	**Verteilen**
Eine Menge wird in gleich große Teilmengen aufgeteilt.	Eine Menge wird gleichmäßig auf eine bekannte Anzahl Teilmengen verteilt.

westermann

Arbeitsheft – Lösungen

Basis Kompetenzen

Rechnen

LÖSUNGEN

Zahlvorstellung

WORTSPEICHER
1 000 = 1 Tausend
1 000 000 = 1 Million

1. Ich kann vorwärts und rückwärts bis 1 000/1 000 000 zählen.

- Zähle vorwärts ab der 298.

298, 299, 300, 301, 302, 303, 304, 305, 306

- Zähle rückwärts ab der 1412.

1 412, 1 411, 1 410, 1 409, 1 408, 1 407, 1 406, 1 405, 1 404

- Zähle vorwärts in 10er-Schritten ab 974.

974, 984, 994, 1 004, 1 014, 1 024, 1 034, 1 044, 1 054

- Zähle vorwärts in 100er-Schritten ab der 27 850.

27 850, 27 950, 28 050, 28 150, 28 250, 28 350, 28 450, 28 550

2. Ich kann Zahlen in Beziehung zu anderen Zahlen setzen.

- Ergänze die fehlenden Zahlen.

a) 159, 160, 161, 162, 163, 164, 165, 166, 167, 168, 169, 170

b) 699, 700, 701, 702, 703, 704, 705, 706, 707, 708, 709

c) 4 098, 4 099, 4 100, 4 101, 4 102, 4 103, 4 104, 4 105

3. Ich kann Zahlen am Zahlenstrahl darstellen und ablesen.

- Beschrifte zuerst den Zahlenstrahl. Markiere dann die Zahlen mit einem Kreuz.

a) 3, 15, 11, 6, 21, 18

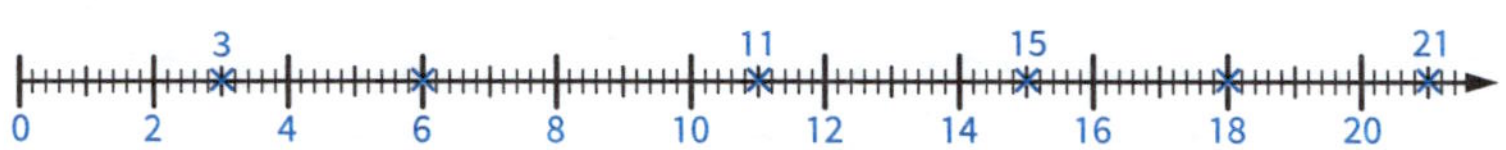

b) 700, 200, 900, 650, 50

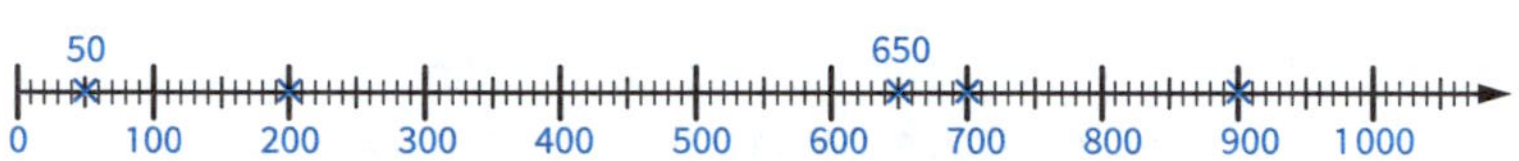

4. Ich kann Zahlen mit Bild, Wort und Zahlzeichen darstellen.

a) Finde für die Zahl Sechshundertsiebenundzwanzig vier verschiedene Darstellungen.
Du kannst auch zeichnen, Rechenaufgaben bilden, als Geld darstellen oder den Zahlenstrahl nutzen.

6 H 2 Z 7 E

600 + 20 + 7

100	100	10
100	100	10
100	100	5

(2)

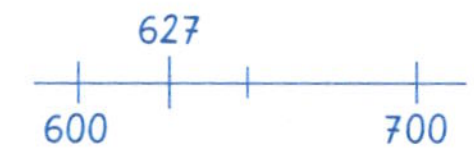

b) Welche Beschreibungen passen zur Zahl 550? Kreuze an.

- (X) Die Hälfte von 1 100
- ( ) Liegt in der Mitte zwischen 520 und 570
- ( ) Das Doppelte von 255
- ( ) Der Nachfolger von 551
- (X) Zehn weniger als 560

5. Ich kann Zahlen vergleichen und ordnen.

a) Ordne die Zahlen der Größe nach. Beginne mit der kleinsten Zahl.

100, 573, 537, 139, 130, 99, 703

99, 100, 130, 139, 537, 573, 703

5 006, 5 600, 6 005, 5 060, 5 005, 6 060

5 005, 5 006, 5 060, 5 600, 6 005, 6 060

b) Vergleiche die Zahlen. Setze < oder > ein.

301 < 310	976 > 967	4 986 < 4 998
540 > 450	1 005 < 1 050	5 466 > 4 566
508 > 506	2 543 > 2 534	9 184 > 9 148

TIPP
<: „kleiner als …"
>: „größer als …"

1. Ich kann vorwärts und rückwärts bis 1 000/1 000 000 zählen.

a) Schneide das Tausenderbuch aus und setze die Teile richtig zusammen. Klebe erst danach.

b) Zähle wie angegeben immer fünf Zahlen weiter. Dein Partner kontrolliert. Nutze das Tausenderbuch. Wechselt euch ab.

- In 1er-Schritten vorwärts. Partner 1: ab 100 / 448 Partner 2: ab 500 / 838
- In 10er-Schritten vorwärts. Partner 1: ab 100 / 448 Partner 2: ab 500 / 838
- In 100er-Schritten vorwärts. Partner 1: ab 100 / 448 Partner 2: ab 500 / 838
- In 1er-Schritten rückwärts. Partner 1: ab 601 / 715 Partner 2: ab 801 / 513
- In 10er-Schritten rückwärts. Partner 1: ab 601 / 715 Partner 2: ab 801 / 513
- In 100er-Schritten rückwärts. Partner 1: ab 601 / 715 Partner 2: ab 801 / 513

2. Ich kann Zahlen in Beziehung zu anderen Zahlen setzen.

Suche die Zahl 318.

Sie liegt zwischen den Hundertern 300 und 400

und zwischen den Zehnerzahlen 310 und 320.

Die 300 findest du als letzte Zahl im vorherigen Hunderterfeld.

301	302	303	304	305	306	307	308	309	310
311	312	313	314	315	316	317	318	319	320
321	322	323	324	325	326	327	328	329	330
331	332	333	334	335	336	337	338	339	340
341	342	343	344	345	346	347	348	349	350
351	352	353	354	355	356	357	358	359	360
361	362	363	364	365	366	367	368	369	370
371	372	373	374	375	376	377	378	379	380
381	382	383	384	385	386	387	388	389	390
391	392	393	394	395	396	397	398	399	400

a) Beschreibe deiner Partnerin oder deinem Partner wo du die angegebenen Zahlen findest. Wechselt euch ab.

Partner 1: 174, 405, 629 und 890 Partner 2: 98, 273, 516 und 952

b) Finde die Vorgänger und Nachfolger, sowie die Nachbarzehner (NZ) der Zahlen.

NZ	Vorgänger	Zahl	Nachfolger	NZ
120	124	125	126	130
230	237	238	239	240
490	498	499	500	500
650	650	651	652	660
780	784	785	786	790
920	923	924	925	930

TIPP
Nachbarzehner (NZ):
Zehner vor und nach der Zahl
Der Vorgänger einer Zahl ist die Zahl direkt **davor**, der Nachfolger die Zahl direkt **danach**.

3. Ich kann Zahlen am Zahlenstrahl darstellen und ablesen.

Im Zahlenstrahl steigen die Zahlen von links nach rechts an.

Er kann sehr unterschiedlich eingeteilt sein.

Zuerst ist es wichtig, Anfangs- und Endzahl zu kennen.

Dann musst du herausfinden, was jeder Strich bedeutet.

Am leichtesten ist es meistens, mit den langen Strichen anzufangen.

a) Beschrifte den Zahlenstrahl. Jeder lange Strich bedeutet einen 10er-Schritt.

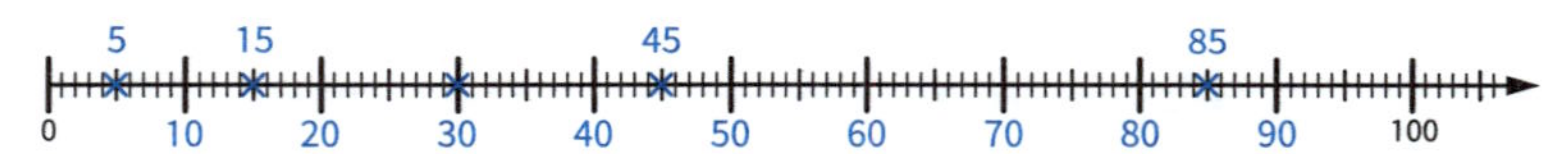

- Trage jetzt die Zahlen 5, 15, 30, 45 und 85 ein.

b) Beschrifte den Zahlenstrahl: Es sollen Zahlen von 0 bis 1 000 eingetragen werden können. Du musst jetzt anders einteilen als bei a).

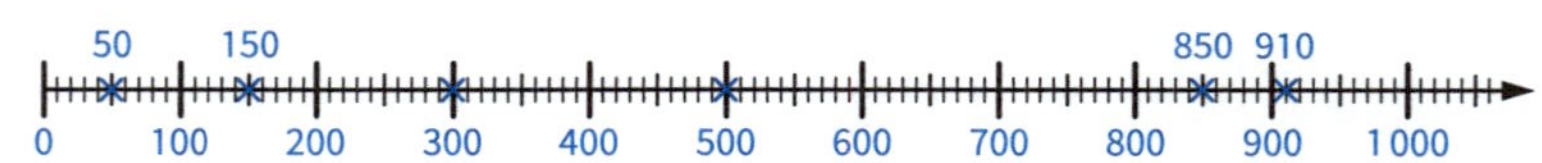

- Ein langer Strich bedeutet jetzt 100.
- Ein mittlerer 50 und ein kurzer 10.
- Trage nun die Zahlen 50, 150, 500, 850 und 910 ein.

c) Finde die Nachbarhunderter (NH) zu den folgenden Zahlen. Nutze den Zahlenstrahl aus b).

NH	Zahl	NH
200	210	300
400	467	500
600	673	700
400	498	500
900	951	1 000

Digital+ WES-144656-002

TIPP
Nachbarhunderter (NH):
Hunderter vor und nach der Zahl

4. Ich kann Zahlen mit Bild, Wort und Zahlzeichen darstellen.

Zahlen kann man verschieden darstellen. Du kannst sie z. B.

- als Zahlwort schreiben.
- am Zahlenstrahl eintragen.
- als Strichliste schreiben.
- mit Hundertern, Zehnern und Einern legen.
- als Rechenaufgabe darstellen.
- mit Geld legen.

a) Überlege, warum alle Darstellungen zur Zahl 300 passen.

Dreihundert

100 + 100 + 100

299 + 1

2 mal 150

b) Ergänze vier Darstellungen der Zahl 417. Aufgabenteil a) kann dir helfen.

400 + 17

4 H + 1 Z + 7 E

100	100	10
100	100	5

(2)

400 + 10 + 7

Vierhundertsiebzehn

c) Welche Beschreibungen passen zur Zahl 504?

- [ ] fünf mehr als 509
- [x] das Doppelte von 252
- [x] ein Zehner weniger als 514
- [ ] die Hälfte von 1004
- [x] liegt zwischen 503 und 505
- [ ] 5 Hunderter und 4 Zehner

WORTSPEICHER
Stellenwerte abgekürzt:
E: Einer
Z: Zehner
H: Hunderter
T: Tausender

d) Immer drei gehören zusammen. Färbe gleich ein.

1 Z 6 H	601	20 · 30	6 Z 1 E	59 + 2
2 · 30	61	610	600	1 E 6 H
6 Zehner	599 + 2	6 Hunderter	600 + 10	60

5. Ich kann Zahlen vergleichen und ordnen.

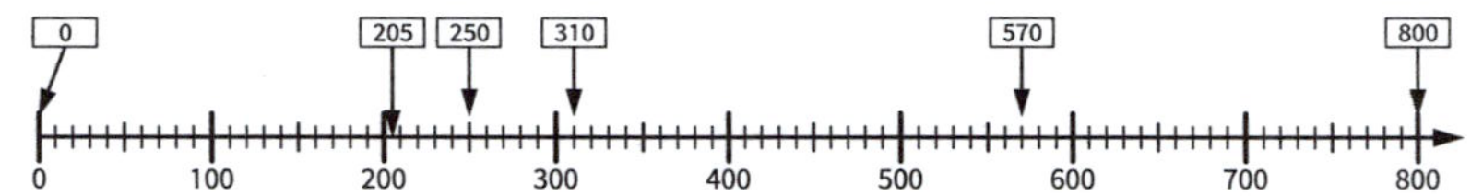

a) Vergleiche die Zahlen mit > oder <. Beachte dazu ihre Lage am Zahlenstrahl.

205 < 250 300 > 205
310 < 570 310 < 800
800 > 300 250 < 570

b) Vergleiche wieder mit > oder <. Achtung: Diese Zahlen sind nicht am Zahlenstrahl eingetragen.

505 < 550 666 < 686
340 < 440 254 > 245
790 > 780 810 > 801

c) Sortiere der Größe nach. Beginne mit der kleinsten Zahl.

21 42 801 101 412 201

21, 42, 101, 201, 412, 801

101 113 301 130 31 310

31, 101, 113, 130, 301, 310

1. Ich kann vorwärts und rückwärts bis 1 000/1 000 000 zählen.

a) In den Zahlreihen sind Fehler. Streiche falsche Zahlen durch.

- 451, 452, ~~435~~ 453, 454, 455, 456, ~~460~~
- 1111, 1112, ~~1110~~, 1113, 1114, 1115, 1116
- 908, 898, 888, 878, ~~778~~, 868
- 5700, 5600, 5500, 5400, ~~530~~, 5300
- 7080, 7090, 7100, ~~7101~~, 7120, 7130, ~~7180~~ 7140

b) Ergänze die Zahlreihen.

- 246, 247, 248, 249, 250, 251, 252
- 997, 998, 999, 1000, 1001, 1002
- 2670, 2690, 2710, 2730, 2750, 2770
- 830, 820, 810, 800, 790, 780, 770
- 6701, 6801, 6901, 7001, 7101, 7201
- 4370, 4270, 4170, 4070, 3970, 3870, 3770

2. Ich kann Zahlen in Beziehung zu anderen Zahlen setzen.

- Ergänze die Tabelle.

NZ	Vorgänger	Zahl	Nachfolger	NZ
770	776	777	778	780
120	123	124	125	130
7840	7843	7844	7845	7850
9820	9822	9823	9824	9830
2220	2220	2221	2222	2230

3. Ich kann Zahlen am Zahlenstrahl darstellen und ablesen.

a) Die Zahlen am Zahlenstrahl sind nicht alle richtig eingetragen. Berichtige die Pfeile.

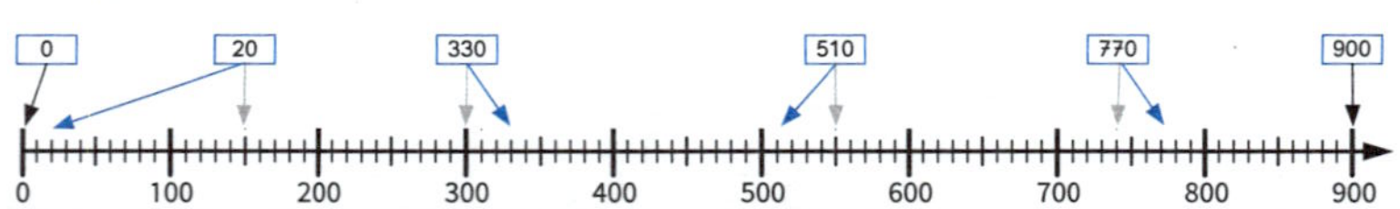

b) Bei welchen Zahlen stehen die Fähnchen? Trage ein.

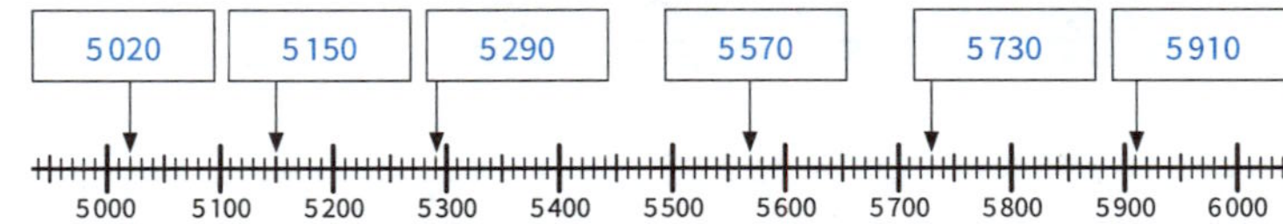

c) Setze die Zahlen an der richtigen Stelle ein.

6150 6310 5820 5980 6475 6660

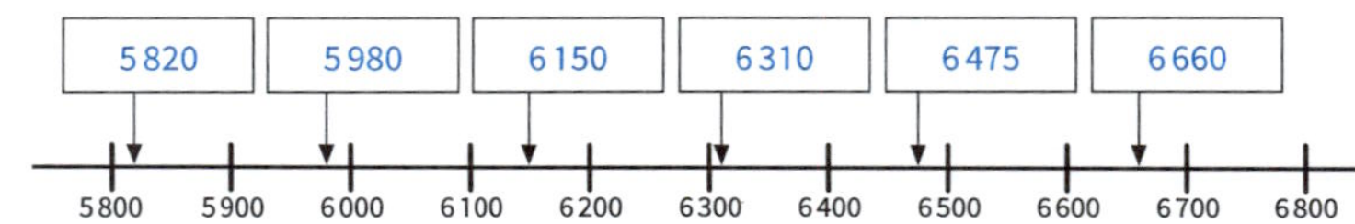

4. Ich kann Zahlen mit Bild, Wort und Zahlzeichen darstellen.

a) Welche Beschreibungen passen nicht zur Zahl 750? Streiche durch.

700 + 50	3 mal 250	Einer mehr als 749
~~7 Hunderter 50 Zehner~~	100 weniger als 850	~~Nachbarzehner von 700~~

b) Wähle dir eine Zahl zwischen 100 und 1 000 und finde 6 verschiedene Darstellungen. Meine Zahl ist z. B. 250.

2 h 5 Z	200 + 50	200 50
249 + 1	200 250 300	

5. Ich kann Zahlen vergleichen und ordnen.

a) Welche benachbarten Zahlenkarten musst du tauschen, damit die Reihenfolge stimmt? Markiere sie.

5311 5371 5317 7320 7427 8545 7563 9999 8679

b) Finde passende Zahlen.

- 6800 > 6790, 6750, 6710 > 6700
- 2222 < 2223, 2224, 2229 < 2230

Stellenwerte

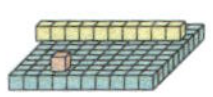

TIPP

So sieht Dienes-Material aus, wenn du es selbst zeichnest:

Tausender:

Hunderter:

Zehner:

Einer:

■

1. Ich verstehe, was die einzelnen Stellenwerte bedeuten.

a) Kreuze die richtigen Aussagen an.

- [X] Jede dreistellige Zahl hat einen Zehner.
- [X] Der Einer steht immer rechts.
- [ ] Neun Einer sind mehr als ein Hunderter.
- [X] Man kann Einer zu einem Zehner bündeln.
- [X] Ein Hunderter ist mehr als zehn Zehner.
- [ ] Ich kann zehn Zehner zu einem Einer bündeln.
- [X] Die einzelnen Stellen haben immer die gleiche Reihenfolge.
- [ ] Bündeln ist das Gleiche wie Entbündeln.

b) Lege erst mit Dienes-Material. Zeichne dann auf. Notiere die richtige Zahl darunter.

	4 Zehner und 6 Einer	2 Hunderter und 17 Einer
Bild		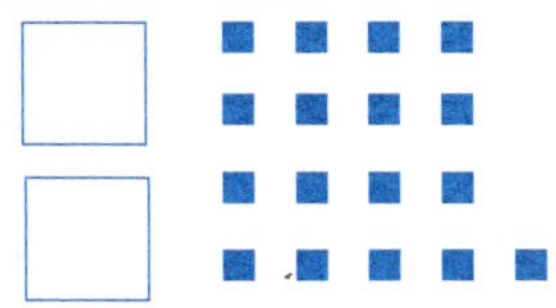
	46	217

2. Ich verstehe die Darstellung von Tausender, Hunderter, Zehner und Einer.

Schreibe als einzelne Stellen und als ganze Zahl. Achte auf das Beispiel.

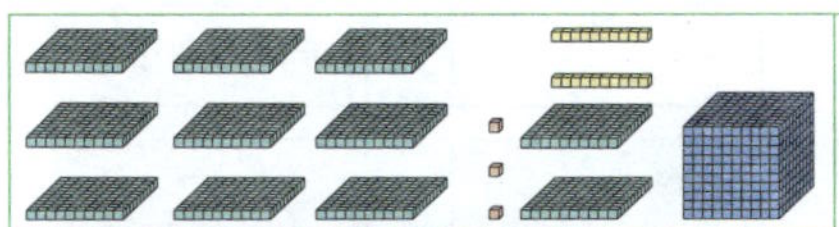	1T + 11H + 2Z + 3E	2123
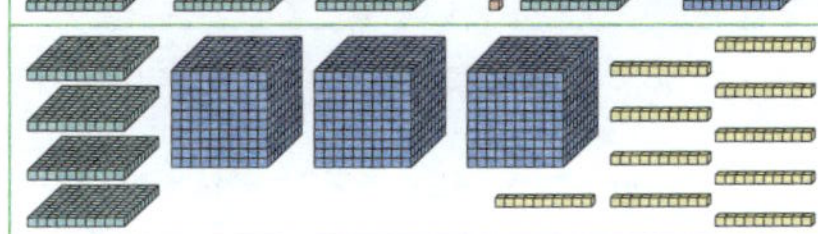	3T + 4H + 10Z	3500
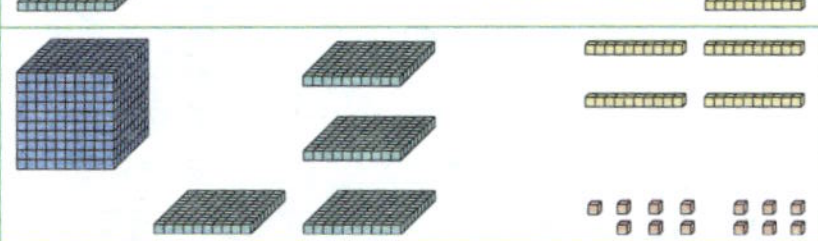	1T + 4H + 4Z + 13E	1453
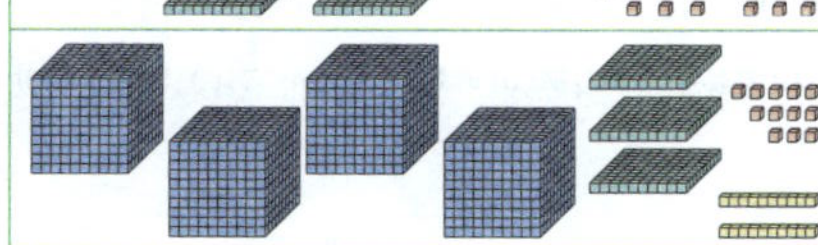	4T + 3H + 2Z + 12E	4332

3. Ich kann zehn Einer, Zehner, Hunderter, Tausender… zum Nächstgrößeren bündeln.

Schreibe das Ergebnis auf.

															T	H	Z	E
3	T	+	1	2	H	+		1	Z	+	2	3	E	=	4	2	3	3
2	T	+	1	4	H	+	3	1	Z	+		8	E	=	3	7	1	8
6	T	+	2	5	H	+		7	Z	+	1	4	E	=	8	5	8	4
8	T	+		6	H	+	1	1	Z	+	3	1	E	=	8	7	4	1

4. Ich weiß, welcher Teil im Zahlwort was bedeutet.

Schreibe als Zahl.

Sechstausend.fünfhundertdreiundsiebzig 6573

Dreiundzwanzigtausend.vierhundertzweiundneunzig 23492

Fünfundvierzigtausend.zweihunderteinundachtzig 45281

5. Ich kann Zahlen in ihre einzelnen Stellen zerlegen.

a) Schreibe die Zahl als Hunderter, Zehner und Einer auf.

256 = 2H + 5Z + 6E 529 = 5H + 2Z + 9E

564 = 5H + 6Z + 4E 651 = 6H + 5Z + 1E

b) Achtung! Hier steht schon ein Teil der Stellen. Ergänze sinnvoll.

293 = 2H + 7Z + 23E 468 = 3H + 16Z + 8E

6. Ich verstehe die Bedeutung der verschiedenen Zahlwerte.

Entscheide: >, < oder = ? Färbe immer die passende Begründung ein.

a) 516 < 560 b) 43 > 34 c) 150 > 105

Zahl hat keine Null.	Zehner links ist größer.	5 steht hinten und ist größer als 0.
Hunderter ist gleich und Zehner der rechten Zahl ist größer.	Beide Male sind es 3 und 4.	Hunderter ist gleich und Zehner ist größer der linken Zahl.

H	Z	E
3	1	2

Digital+
WES-144656-003

WORTSPEICHER
Stellenwerte abgekürzt:
E: Einer
Z: Zehner
H: Hunderter
T: Tausender

1. Ich verstehe, was die einzelnen Stellenwerte bedeuten.

a) Lege mit Dienes-Material in die Stellenwerttafel
Tausche wenn möglich: 10 E gegen 1 Z / 10 Z gegen 1 H / 10 H gegen 1 T
Notiere nun die richtige Zahl.

2 T + 15 H + 4 Z + 13 E = 3553

3 T + 4 H + 16 Z + 15 E = 3575

b) Was gehört zusammen? Färbe gleich ein.

10 Zehner	100 Hunderter	100 Zehner	10 Hunderter
1 Tausender	1 Hunderter	1 Zehntausender	1 Tausender

c) Beende die Sätze. Sieh dir zur Hilfe vorher das Video an.

wert – Einer – Stellenwerte – Hunderter – Stellen

Jede Zahl hat verschiedene Stellenwerte.

Das meint: Die Zahl 303 hat drei Hunderter und drei Einer.

Die Drei bei den Hundertern sind mehr wert als die Drei bei den Einern,

denn die beiden Dreien stehen an verschiedenen Stellen.

2. Ich verstehe die Darstellung von Hunderter, Zehner und Einer.

b) Male immer die Zahlen mit Tausender, Hunderter, Zehner und Einer. Lege vorher mit Dienes-Material.

2437	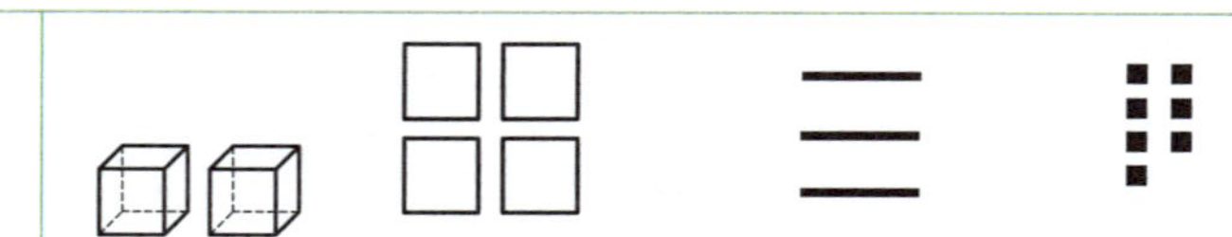
1628	
3126	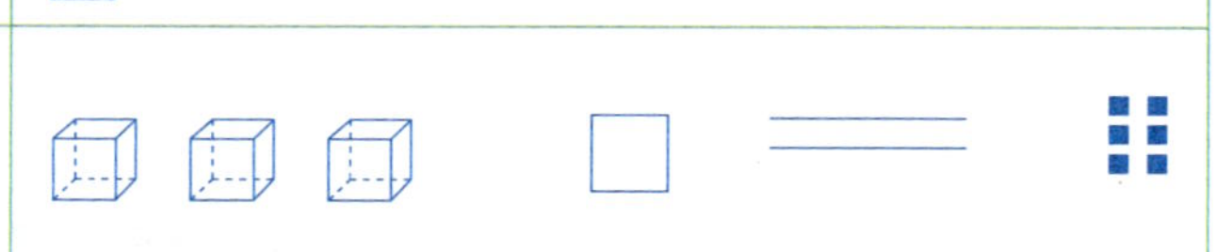
4085	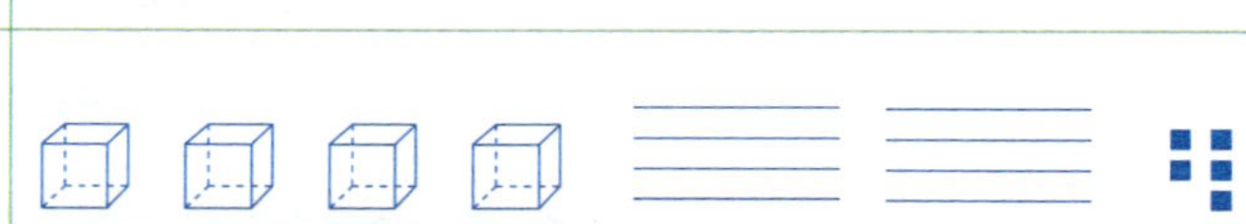

H	Z	E
3	1	2

b) Ergänze immer zum vollen Tausender oder Zehntausender. Zeichne das fehlende Material vereinfacht daneben.

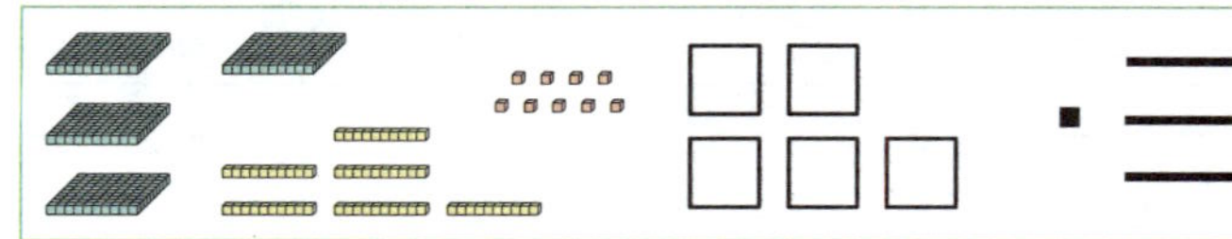	= 1000
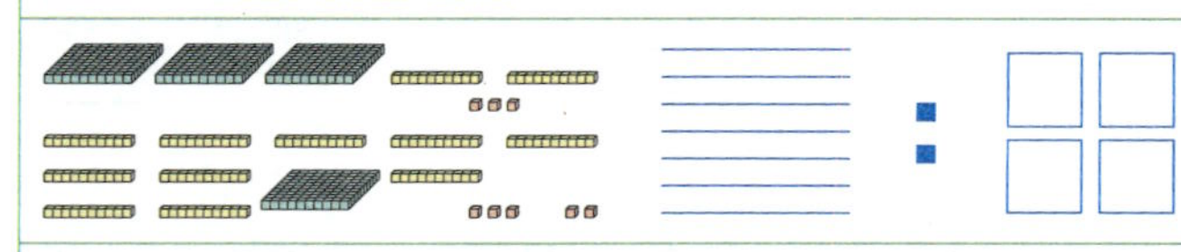	= 1000
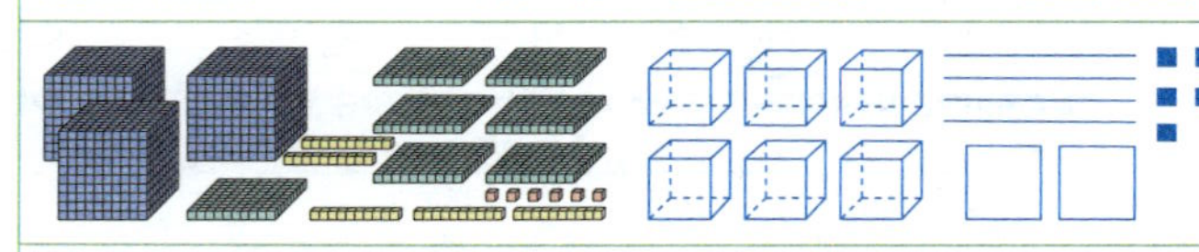	= 10000
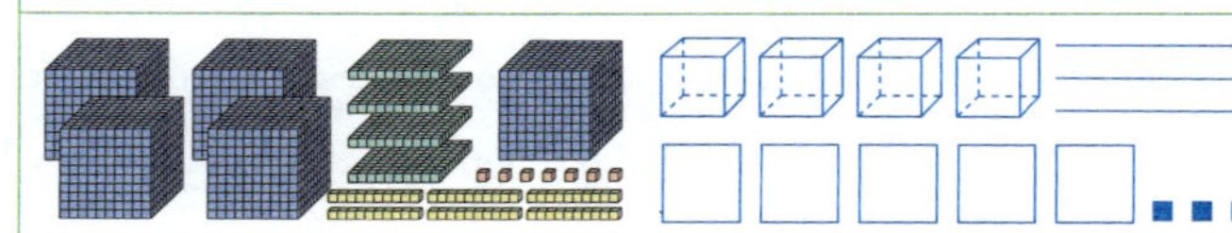	= 10000

3. Ich kann zehn Einer, Zehner, Hunderter, Tausender… zum Nächstgrößeren bündeln.

a) Blitzseher! Stelle das ungeordnete Bild so dar, dass man schnell die Menge erkennt. Tipp: Du musst bündeln.

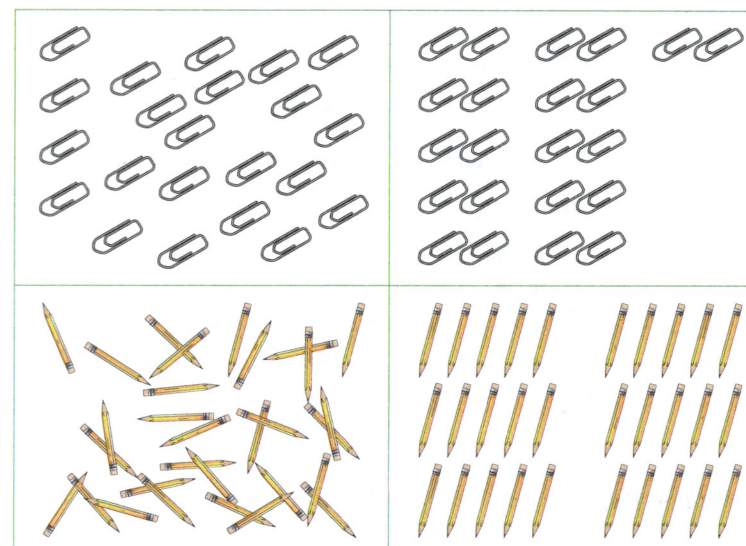

WORTSPEICHER
Ziffer:
Die Zahlzeichen von 0-9. Mit ihnen schreibt man Zahlen

4. Ich weiß, welcher Teil im Zahlwort was bedeutet.

Schreibe die Zahlen stufenweise als Zahlwort.
Schreibe immer den jeweiligen Teil in der gleichen Farbe.

Jedes Zahlwort besteht aus mehreren Teilen. Jeder Teil beschreibt eine Stelle, ähnlich wie jede Ziffer in einer Zahl.
Zahlen werden in 3er-Blöcken geschrieben und gesprochen.
Erst kommen alle Tausender. Das sind bis zu drei Stellen.
Dann kommen Hunderter, Zehner und Einer. Das sind auch drei Stellen.

3 = Drei
43 = Dreiundvierzig
143 = Einhundertdreiundvierzig
5143 = Fünftausendeinhundertdreiundvierzig
75143 = Fünfundsiebzigtausendeinhundertdreiundvierzig
275143 = Zweihundertfünfundsiebzigtausendeinhundertdreiundvierzig

4 = Vier
64 = Vierundsechzig
264 = Zweihundertvierundsechzig
8264 = Achttausendzweihundertvierundsechzig
38264 = Achtunddeißigtausendzweihundertvierundsechzig
138264 = Einhundertachtunddeißigtausendzweihundertvierundsechzig

5. Ich kann Zahlen in ihre einzelnen Stellen zerlegen.

Ergänze das fehlende Material, damit das Bild zur Zahl passt.

2075
2705
5720

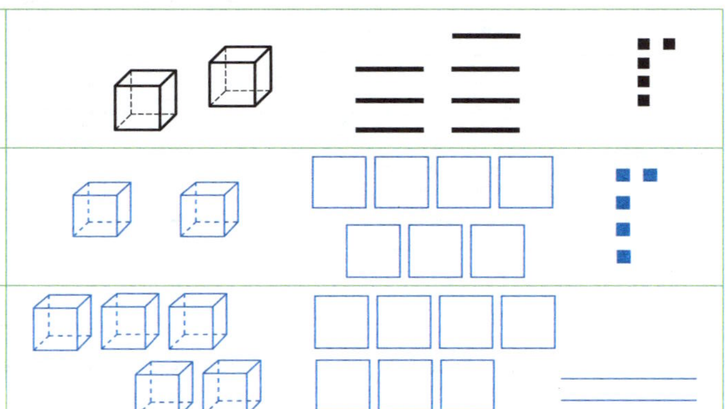

6. Ich verstehe die Bedeutung der verschiedenen Zahlwerte.

H	Z	E
3	1	2

Lege die folgenden Zahlen erst mit Dienes Material.

a) Ordne von klein nach groß.

300 – 450 – 301 – 30 – 504 – 10 – 130

10 – 30 – 130 – 300 – 301 – 450 – 504

240 – 32 – 420 – 23 – 320 – 24 – 302

23 – 24 – 32 – 240 – 302 – 320 – 420

b) Markiere in den Bildern und Zahlen:
Tausender blau, Hunderter grün, Zehner gelb und Einer rot.

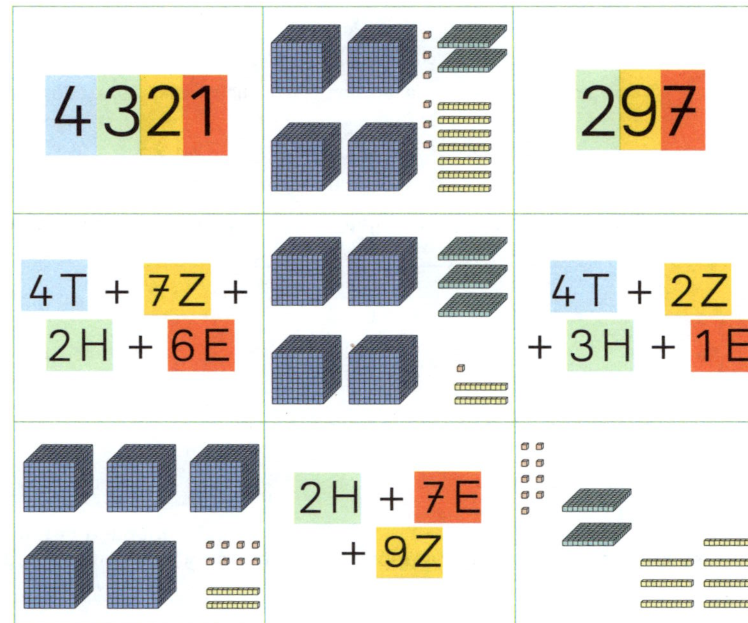

c) Bilde mit den abgebildeten Ziffernkarten die folgenden Zahlen.
Nutze das Legematerial.

Die größte Zahl: 8521
Die zweitgrößte Zahl: 8512
Die kleinste Zahl: 1258

Wie hast du die zweitgrößte Zahl gefunden? Erkläre.

Zuerst gelegt habe ich die 8 und die 5 bei dem Tausender und dem Hunderter.

Danach habe ich die 1 und die 2 als Zehner und Einer gelegt. (Beispiellösung)

1. Ich verstehe, was die einzelnen Stellenwerte bedeuten.

a) Vervollständige die Sätze.

100 Tausender sind …	ein Hunderter
10 Zehner sind …	ein Zehntausender
10 Zehntausender sind …	ein Hunderttausender
100 Hunderter sind ein …	ein Hunderttausender

b) Lege erst mit Dienes-Material. Zeichne dann auf. Notiere darunter die richtige Zahl.

	5 Zehner und 16 Einer	2 Hunderter, 3 Zehner und 13 Einer
Bild		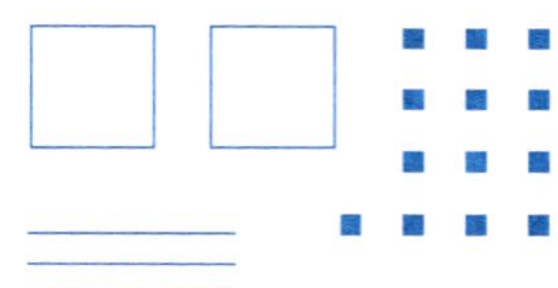
	66	243

2. Ich verstehe die Darstellung von Hunderter, Zehner und Einer.

Schreibe als einzelne Stellen und als ganze Zahl.

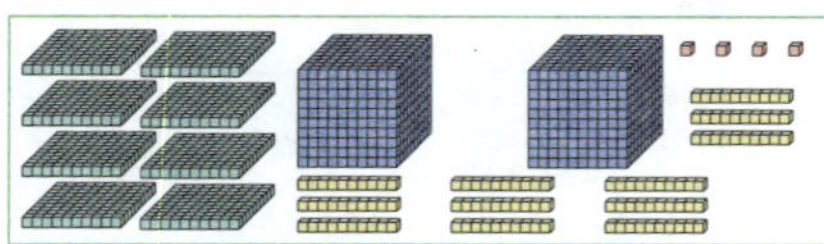	2T + 8H + 12Z + 4E	2924
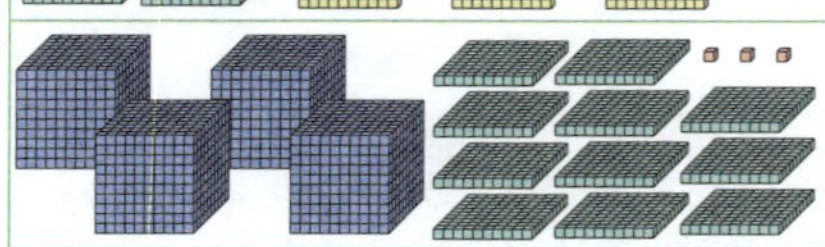	4T + 11H + 3E	5103
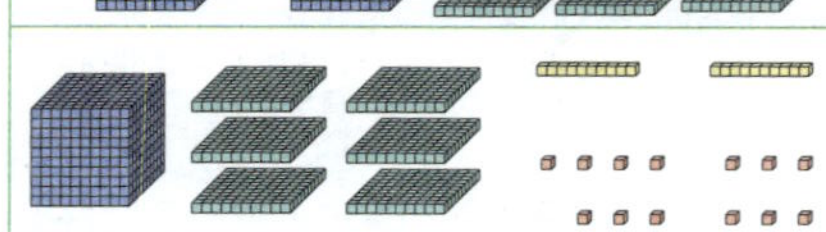	1T + 6H + 2Z + 13E	1633
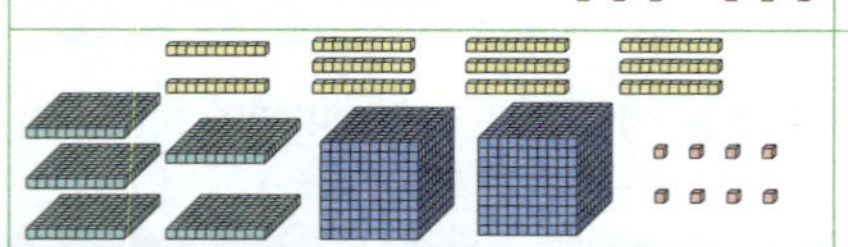	2T + 5H + 11Z + 8E	3618

3. Ich weiß, welcher Teil im Zahlwort was bedeutet.

Markiere in jedem Zahlwort den Teil, der als Zahl rechts neben dem Wort steht.

Sechstausend.fünfhundertdreiundsiebzig	500
Dreiundzwanzigtausend.vierhundertzweiundneunzig	20.000
Fünfundvierzigtausend.zweihunderteinundachtzig	80
Siebenundneunzigtausend.fünfunddreißig	7000
Zweiundzwanzigtausend.dreihundertsechsundvierzig	6

4. Ich kann immer 10 Einer, Zehner, Hunderter, Tausender… zum Nächstgrößeren bündeln.

Welche Zahl ist es? Schreibe auf.

															T	H	Z	E
2	T	+		5	H	+	2	1	Z	+		3	E	=	2	7	1	3
4	T	+		6	Z	+	1	7	H	+	2	3	E	=	5	7	8	3
1	T	+		5	E	+	1	0	H	+	1	5	Z	=	2	1	5	5
			1	4	H	+		6	T	+	4	1	E	=	7	4	4	1

5. Ich kann Zahlen in ihre einzelnen Stellen zerlegen.

a) Schreibe die Zahl als Hunderter, Zehner und Einer auf.

256 = 2H + 5Z + 6E   529 = 5H + 2Z + 9E

b) Achtung! Hier steht schon ein Teil der Stellen. Ergänze sinnvoll.

2083 = 2T + 0H + 6Z + 23E

3420 = 1T + 21H + 31Z + 10E

WORTSPEICHER
Stellenwerte abgekürzt:
E: Einer
Z: Zehner
H: Hunderter
T: Tausender

6. Ich verstehe die Bedeutung der verschiedenen Zahlwerte.

Bilde mit den abgebildeten Ziffernkarten die folgenden Zahlen. Nutze das Legematerial.

Die größte Zahl: 9731

Die zweitgrößte Zahl: 9713

Die zweitkleinste Zahl: 1397

Wie hast du die zweitkleinste Zahl gefunden? Erkläre.

Zuerst gelegt habe ich die 1 und die 3 bei dem Tausender und dem Hunderter.

Danach habe ich die 9 und die 7 als Zehner und Einer gelegt. (Beispiellösung)

Addition

1. Ich kenne die Grundvorstellungen Hinzufügen und Zusammenfassen.

Welche Rechengeschichten passen zur Aufgabe 499 + 325? Kreuze an.

- [ ] Mia hat 325 Euro gespart. Sie möchte sich ein Fahrrad für 499 Euro kaufen.
- [x] In den Ferien fuhren wir unsere Verwandten besuchen. Am ersten Tag fuhren wir 499 km. Am zweiten Tag waren es 325 km.
- [x] Luca und Paul sammeln zusammen Kastanien. Paul hat am Ende 499 Stück, Luca findet 325.
- [ ] Jan hat beim Spielen 325 Punkte bekommen. Lars hat mehr Punkte, es sind 499.

2. Ich kann Additionsaufgaben in Sachsituationen finden und umgekehrt.

Auf dem Bauernhof wird geerntet. Dieses Jahr sind es 360 kg Äpfel, 150 kg Birnen und 1 000 kg Getreide. Außerdem kauft der Bauer noch 120 kg neues Saatgut.

a) Wie groß war die Obsternte dieses Jahr in kg? Berechne und schreibe einen Antwortsatz.

Rechnung: 360 kg + 150 kg = 510 kg

Antwort: Dieses Jahr wurden 510 kg Obst geerntet.

b) Die Tabelle zeigt die Apfelernte der letzten Jahre.
Berechne die gesamte Menge an geernteten Äpfeln von 2021 bis 2024 und schreibe einen Antwortsatz.

Jahr	2021	2022	2023	2024
Menge Äpfel	416 kg	383 kg	351 kg	360 kg

Rechnung: 416 kg + 383 kg +351 kg + 360 kg = 1 510 kg

Antwort: In den Jahren von 2021 bis 2024 wurden 1 510 kg Äpfel geerntet.

3. Ich kann Aufgaben auf verschiedenen Wegen lösen.

a) Löse die Aufgabe.
2 706 + 9 858

Schreibe Zwischenschritte auf.

2000 + 9000 = 11000
700 + 800 = 1500
6 + 58 = 64
11000 + 1500 + 64 = 12564

b) Die Aufgabe 348 + 493 kannst du am Rechenstrich lösen.

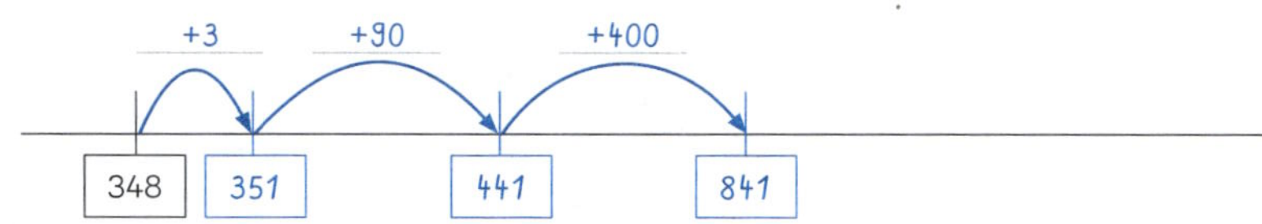

Löse die Aufgabe 561 + 372 am Rechenstrich.

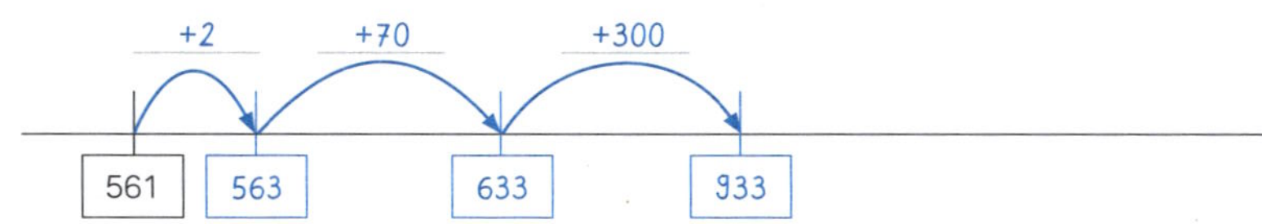

c) Vereinfache die Aufgaben wie im Beispiel und schreibe deinen Rechenweg auf.

528 + 298 = 528 + 300 − 2

- 675 + 399 = 675 + 400 − 1 = 1 074
- 1 878 + 595 = 1 878 + 600 − 5 = 2 473
- 3 998 + 729 = 4 000 + 729 − 2 = 4 727
- 9 725 + 9 999 = 9 725 + 10 000 − 1 = 19 724

4. Ich kann mich für einen sinnvollen Rechenweg entscheiden.

a) Überlege: **Schriftlich**, **Halbschriftlich** oder **im Kopf**? Färbe ein.

2 567 + 999	9 726 + 7 587	1 023 + 6 711
55 749 + 67 988	298 + 7 025	9 229 + 728

b) Schreibe zwei Aufgaben, die du im Kopf rechnen würdest, und eine Aufgaben, die du schriftlich rechnen würdest. Z.B.:

699 + 5125	298 + 1200	3 768 + 623

Digital+
WES-144656-004

1. Ich kenne die Grundvorstellungen Hinzufügen und Zusammenfassen.

Beim Addieren gibt es zwei verschiedene Grundvorstellungen:
Hinzufügen und **Zusammenfassen**.

Hinzufügen: Einer vorhandenen Menge wird etwas **hinzu**gefügt.
Jonas hat 2 Kaninchen. Nun haben sie 3 Junge bekommen.

Zusammenfassen: Zwei Mengen werden **zusammen**gefügt.
Maria und Lea wollen zusammen spielen. Beide bringen ihre Kuscheltiere mit.

- Färbe ein. Hinzufügen: rot, Zusammenfassen: blau

Mia hat schon 6 Bonbons gegessen. Sie nimmt sich noch 2 weitere aus der Packung.	Juan betreut in der Urlaubszeit 2 Hunde von Lotte und einen Hund von Dara.
Paul und Tim wollen zusammen malen. Paul hat 18 Filzstifte, Tom hat 13 Stück.	Jan hat 100 Euro auf dem Sparkonto. Zum Geburtstag bekommt er noch 50 Euro von Oma geschenkt.

Digital+
WES-144656-005

2. Ich kann Additionsaufgaben in Sachsituationen finden und umgekehrt.

In Sachsituationen musst du genau darauf achten, welche Informationen du für deine Rechnung brauchst. Unterstreiche jeweils wichtige Wörter und Zahlen. Für Aufgabe **a)** in rot und für Aufgabe **b)** in **blau**.

a) Bauer Meyer hat seine Nutztiere gezählt und auf einen Zettel geschrieben. Außerdem bewohnen den Hof noch fünf Katzen und zwei Hunde. Wie viele Tiere sind das insgesamt? Schreibe einen Antwortsatz.

Rechnung: 84 + 66 + 3 + 12 + 5 + 2
= 172

Antwort: Es sind insgesamt 172 Tiere.

b) Nächstes Jahr soll mehr Milch produziert werden. Deshalb hat Herr Meyer 75 neue Kühe gekauft. Berechne die Gesamtzahl der Kühe im nächsten Jahr.

Rechnung: 84 + 75 = 159

Antwort: Es sind insgesamt 159 Kühe.

TIPP: Wenn du Schwierigkeiten mit Sachaufgaben hast, dann bearbeite auch die Sachaufgaben zu den anderen Grundrechenarten. Hier kannst du noch mehr üben.

3. Ich kann Aufgaben auf verschiedenen Wegen lösen.

a) Mit Dienes-Material kannst du Zahlen bis 1000 anschaulich legen. Lege abwechselnd mit deinem Partner mit Hunderterplatten, Zehnerstangen und Einerwürfeln die Aufgaben und rechne aus. Dein Partner kontrolliert.

Partner 1: 155 + 169 = 324
239 + 181 = 420
836 + 395 = 1231

Partner 2: 128 + 84 = 212
213 + 145 = 358
783 + 467 = 1250

b) Tom legt die Aufgabe 166 + 333 mit Dienes-Material. Den Rechenweg notiert er sich. Sieh dir seinen Rechenweg an und löse die Aufgaben darunter auf dem gleichen Weg.

166 + 333 = 499
100 + 300 = 400
60 + 30 = 90
6 + 3 = 9
400 + 90 + 9 = 499

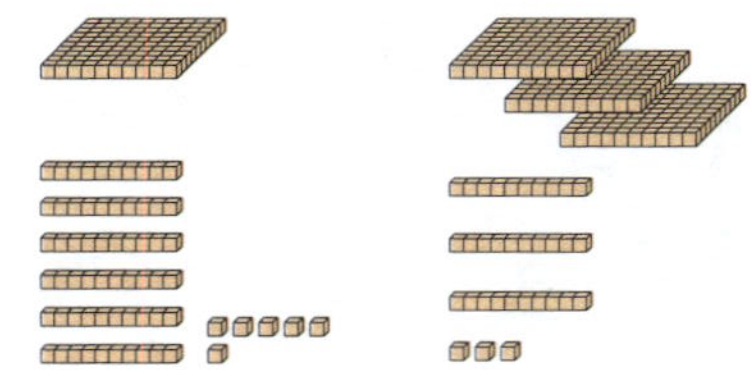

367 + 172 =

300 + 100 = 400
60 + 70 = 130
7 + 2 = 9
400 + 130 + 9 = 539

873 + 654 =

800 + 600 = 1400
70 + 50 = 120
3 + 4 = 7
1400 + 120 + 7 = 1527

1590 + 3710

1000 + 3000 = 4000
500 + 700 = 1200
90 + 10 = 100
4000 + 1200 + 100
= 5300

7263 + 8418

7000 + 8000 = 15000
200 + 400 = 600
60 + 10 = 70
3 + 8 = 11
15000 + 600 + 70 + 11
= 15681

TIPP
Stellenweise Addieren:
Getrennte Addition von Einern, Zehnern und Hundertern

Digital+
WES-144656-006

Aufgaben am Rechenstrich lösen

Manche Aufgaben lassen sich gut am Rechenstrich lösen. Anders als der Zahlenstrahl hat der Rechenstrich keine Einteilung. Du trägst nur die Zahlen ein, die für deine Rechnung wichtig sind. Um zu zeigen, wie du rechnest, zeichnest du Pfeile und schreibst die Zahl mit dem Rechenzeichen darüber.

TIPP
Schrittweise Addieren:
Zur ersten Zahl werden Einer, Zehner und Hunderter nacheinander addiert.

c) Finde zu jeder Abbildung die passende Aufgabe. Verbinde.

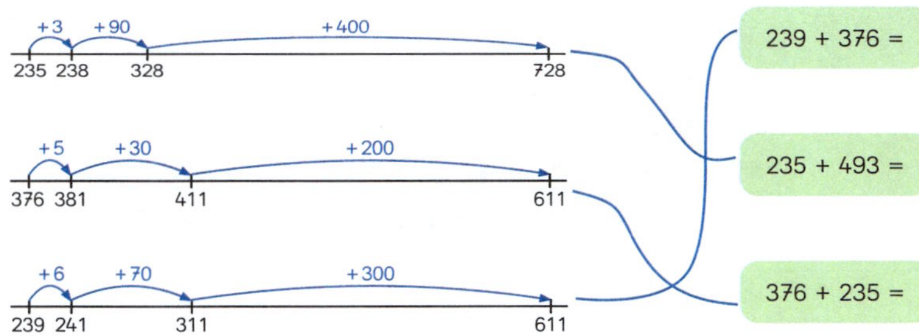

d) Löse die Aufgaben schrittweise am Rechenstrich.

526 + 350 = 876

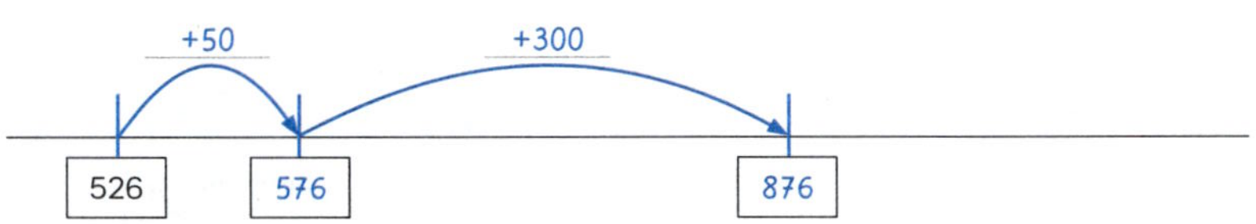

689 + 172 = 861

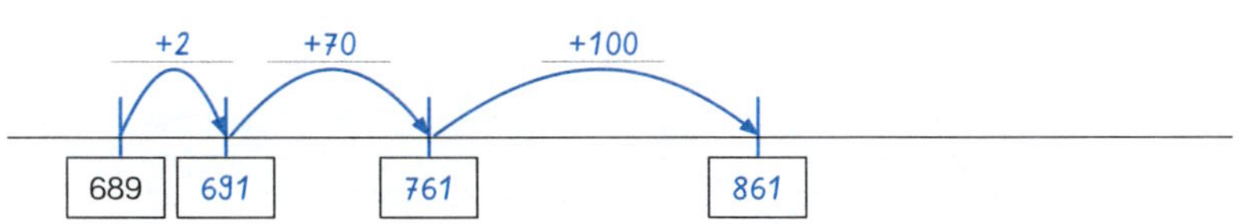

978 + 325 = 1 303. Achtung! Hier musst du die Zahlen selbst anordnen.

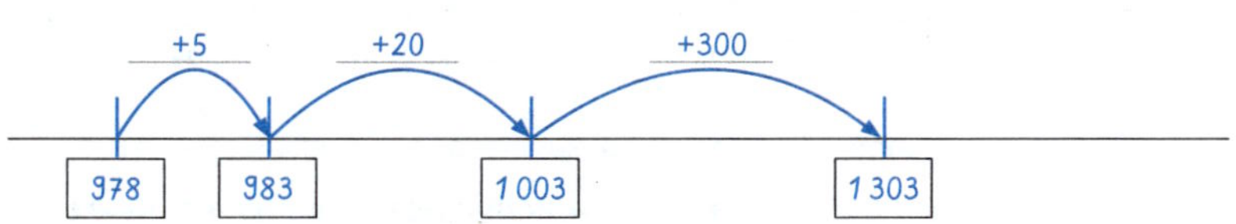

Wenn eine Zahl sehr dicht an einer Hunderterzahl liegt, kannst du sie auch durch eine Hilfsaufgabe lösen.

568 + 298 =
568 + 300 = 868
868 − 2 = 866

TIPP
Hilfsaufgabe: Aufgabe, die sich leichter rechnen lässt als die ursprüngliche Aufgabe.

e) Löse mit einer Hilfsaufgabe.

675 + 199 = 874

675 + 200 = 875
875 − 1 = 874

621 + 297 = 918

621 + 300 = 921
921 − 3 = 918

784 + 998 = 1782

784 + 1000 = 1784
1784 − 2 = 1782

590 + 399 = 989

590 + 400 = 990
990 − 1 = 989

4. Ich kann mich für einen sinnvollen Rechenweg entscheiden.

Digital+
WES-144656-007

Es ist wichtig zu sehen, wie sich eine Aufgabe gut lösen lässt. Aufgaben mit einfachen Zahlen kannst du im Kopf rechnen. Werden dir die Zahlen zu groß, ist es sinnvoll, halbschriftlich zu rechnen und dir Zwischenschritte aufzuschreiben. Nur ganz schwere Aufgaben solltest du schriftlich rechnen.

Sortiere die Aufgaben in die Tabelle. Vergleiche dann mit einem Partner.

- 699 + 501
- 789 + 965
- 999 + 7072
- 5600 + 1001

9705 + 9897
2500 + 2700
30123 + 10099
56939 + 76521

TIPP
Halbschriftlich Rechnen:
Jeder Rechenweg bei dem du deine Zwischenschritte aufschreibst.

Im Kopf	Halbschriftlich	Schriftlich
699 + 501 5600 + 1001 2500 + 2700	999 + 7072 30123 + 10099	789 + 965 9705 + 9897 56939 + 76521

1. Ich kenne die Grundvorstellungen Hinzufügen und Zusammenziehen.

- Markiere alle Rechengeschichten, die eine Additionsaufgabe enthalten.

☐ Paul kauft sich einen neuen Fußball für 49 Euro. Er bezahlt mit einem 100 Euro Schein.

☒ Mias Schulweg beträgt 1 200 m. Nach der Schule geht sie noch zu Lina. Ihr Schulweg ist 700 m lang.

☒ Jan sammelt Modellautos. Er hat schon 18 Stück. Zum Geburtstag bekommt er noch 3 neue geschenkt.

☐ Die 24 Kinder der Klasse 5a teilen sich beim Sport in 6 Gruppen auf.

2. Ich kann Additionsaufgaben in Sachsituationen finden und umgekehrt.

Mia fährt auf Klassenfahrt. 5 Übernachtungen kosten sie 180 Euro. Die Fahrt mit der Bahn wird 45 Minuten dauern. Vom Bahnhof sind es noch 10 Minuten Fußweg. Vor Ort wird eine Bowlingbahn gebucht. Die Buchung kostet sie 8 Euro.

a) Welche Aufgaben passen nicht zur Rechengeschichte? Streiche durch.

~~5 + 180~~ ~~10 + 8~~ 180 + 8

~~45 + 180~~ ~~5 + 45~~ 45 + 10

3. Ich kann Aufgaben auf verschiedenen Wegen lösen.

a) Löse die Aufgaben stellenweise. Nutze Dienes Material wenn nötig.

786 + 597

700 + 500 = 1200
80 + 90 = 170
6 + 7 = 13
1200 + 170 + 13
= 1373

1 369 + 743

1300 + 700 = 2000
60 + 40 = 100
9 + 3 = 12
2000 + 100 + 12
= 2112

b) Schreibe die passende Aufgabe neben den Rechenstrich.

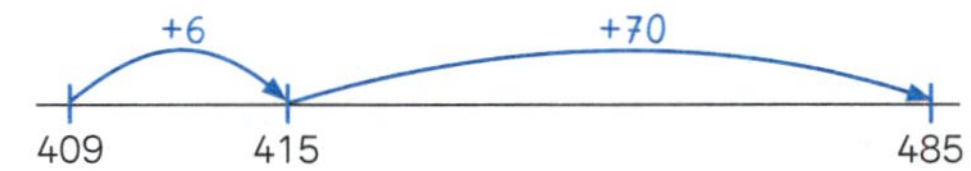

409 + 76 = 485

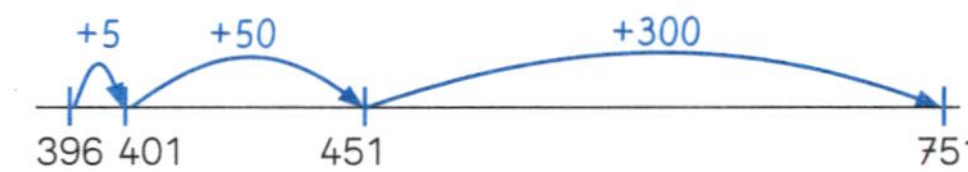

396 + 355 =

c) Entscheide jeweils, welche Hilfsaufgabe die richtige ist, und kreuze an.

345 + 399

☒ 345 + 400 – 1
☐ 345 + 400 + 1

567 + 898

☐ 567 + 900 + 2
☒ 567 + 900 – 2

548 + 1 750

☐ 550 + 1 750 + 2
☒ 550 + 1 750 – 2

10 001 + 777

☒ 10 000 + 777 +1
☐ 10 000 + 777 – 1

4. Ich kann mich für einen sinnvollen Rechenweg entscheiden.

Löse die folgenden Aufgaben auf deinem Weg.

- 7 945 + 8 617 = 16 562
- 2 100 + 7 900 = 10 000 (im Kopf)
- 2 409 + 3 985 = 6 394
- 3 333 + 9 999 = 13 332 (im Kopf)

7000 + 8000 = 15000
900 + 600 = 1500
40 + 10 = 50
5 + 7 = 12

2000 + 3000 = 5000
400 + 900 = 1300
9 + 85 = 94

Subtraktion

1. Ich kenne die Grundvorstellungen Wegnehmen und Vergleichen.

Wie stellst du dir die Aufgabe vor? Nimmst du weg oder vergleichst du? Kreuze an.

	wegnehmen	vergleichen
Julika hat 114 Kekse gebacken. 62 packt sie davon in eine Dose. Wie viele muss sie noch verpacken?	X	
Fred geht 1 450 m zu Fuß zur Schule. Bei Arno sind es 1 180 m. Wieviel weiter läuft Fred zur Schule?		X
Momo spart für ein neues Smartphone. Es kostet 429 Euro. Er hat schon 398 Euro gespart. Wieviel muss er noch sparen?		X
Cora darf in der Woche 280 min Medien nutzen. Sie hat schon 165 min verbraucht. Wie viele Minuten hat sie noch?	X	

2. Ich kann Subtraktionsaufgaben in Sachsituationen finden und umgekehrt.

a) Lies die Sachaufgabe. Schreibe eine passende Rechnung. Löse.

Beim Spendenlauf hat die 5a 138 Runden geschafft. Die 5b war besser und hat 157 Runden geschafft. Um wie viel Runden besser war die 5b?

157 − 138 = 19

Bsp.:
157 − 100 = 57
57 − 38 = 19

Beim Handballfinale der sechsten Klassen schauen 825 Personen zu. Beim Fußballfinale waren es eine Woche vorher sogar 1 038. Wie groß war der Unterschied?

1038 − 825 = 213

Bsp.:
1038 − 800 = 238
238 − 25 = 213

b) Lege die Aufgabe passend mit Dienes-Material. Zeichne die Aufgabe auf und löse sie anschließend.

748 − 424

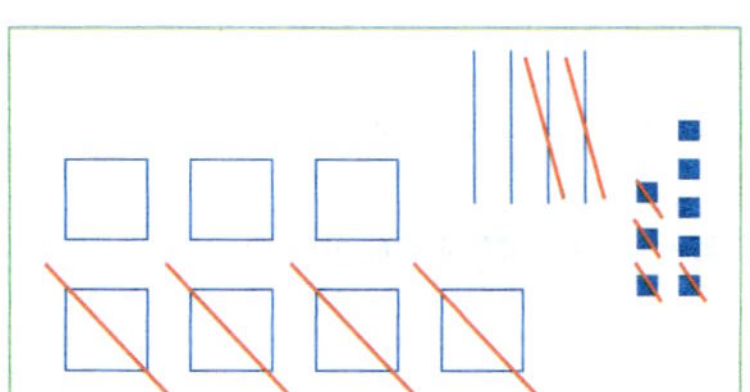

567 − 325

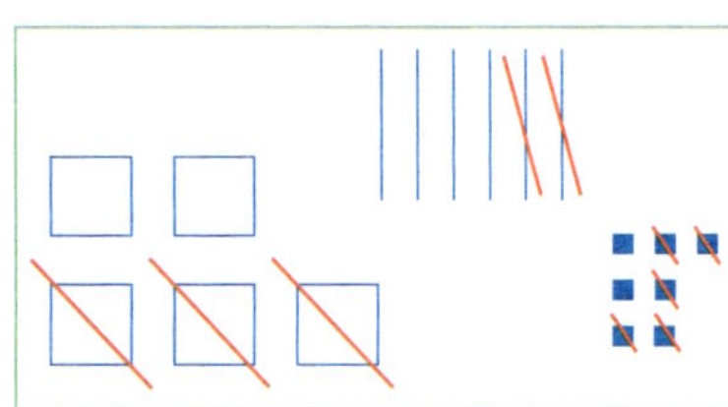

TIPP So zeichnest du Dienes-Material

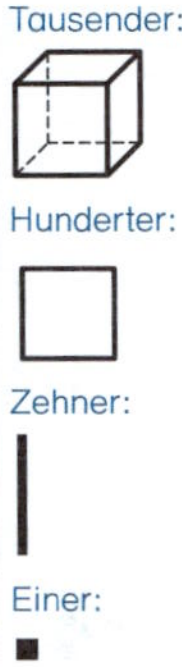

3. Ich kann Subtraktionsaufgaben auf verschiedenen Wegen lösen.

a) Löse mit der Umkehraufgabe.

818 − 694 = ____
694 + 124 = 818

705 − 587 = ____
587 + 118 = 705

TIPP Die Umkehraufgabe zu 512 − 489 = ____ ist 489 + ____ = 512

b) Löse halbschriftlich. Zerlege die Aufgabe in sinnvolle Teilaufgaben.

1437 − 648 = 789

1437 − 600 = 837
837 − 40 = 797
797 − 8 = 789

5374 − 2631 = 2743

5374 − 2000 = 3374
3374 − 600 = 2774
2774 − 31 = 2743

4. Ich kann mich für einen sinnvollen Rechenweg entscheiden.

a) Subtrahiere schriftlich. Schreibe erst die Aufgaben korrekt untereinander.

35 716 − 8 308

```
  35716
−  8308
  27408
```

46 704 − 13 463

```
  46704
− 13463
  33241
```

b) Wähle drei Aufgaben, die du leicht am Rechenstrich lösen kannst. Notiere jeweils die Aufgabe und zeichne sie am Rechenstrich ein.

304 − 287 765 − 552 606 − 591 829 − 654 426 − 367 411 − 399

1. 304 − 287 = 17

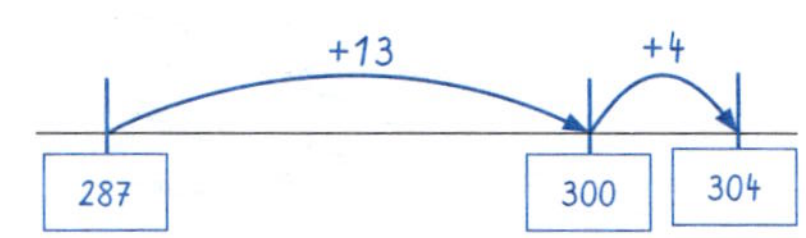

2. 606 − 591 = 15

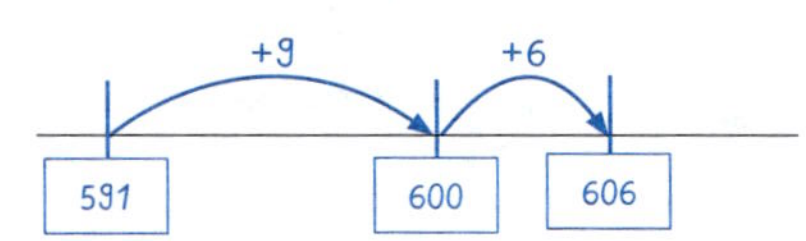

3. 411 − 399 = 12

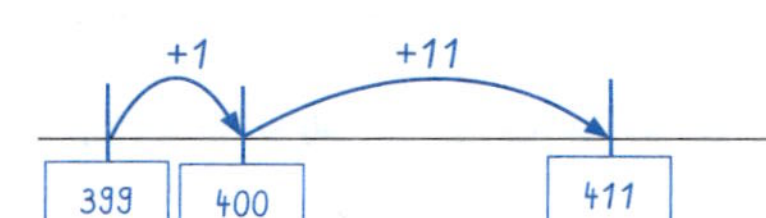

Digital+ WES-144656-008

1. Ich kenne die Grundvorstellungen Wegnehmen und Vergleichen.

Es gibt verschiedene Handlungen, bei denen du subtrahierst:
Entweder wird eine Sache weniger oder von zwei Sachen ist eine weniger als die andere.

Betrachte die Beispiele mit Dienes-Material:

476 – 232

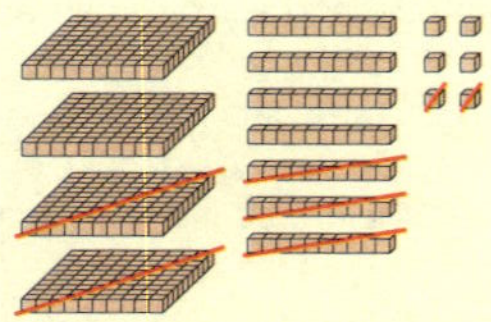

Ich nehme weg. Dafür streiche ich das Material durch, das weggenommen werden soll. Was bleibt übrig?

347 – 246

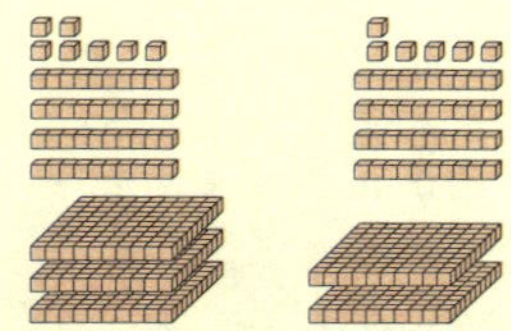

Ich vergleiche. Dafür lege ich das Material nebeneinander und betrachte den Unterschied. Wie viel fehlt?

Schau dir auch das Video an. Bei manchen Aufgaben ergänzt oder vergleichst du, bei manchen nimmst du etwas weg. Beides ist Subtrahieren.

a) Verbinde die Bilder mit der richtigen Subtraktionsidee.
Was ist Wegnehmen und was ist Vergleichen?

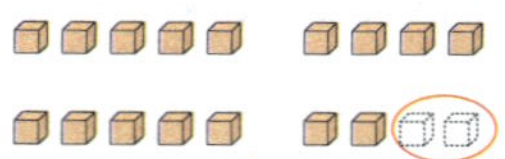

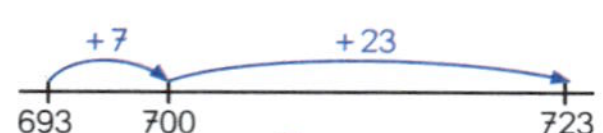

723-693: Wie viel fehlt von 693 zu 723?

Wegnehmen

Ergänzen/ Vergleichen

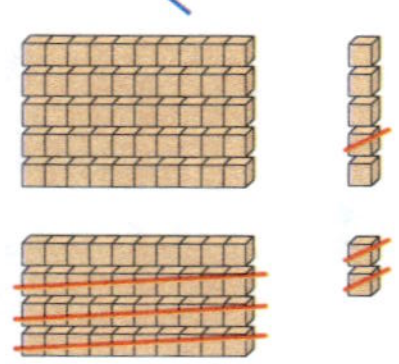

b) Finde zu zwei Bildern eine passende Aufgabe: Einmal zum Wegnehmen, einmal zum Vergleichen.

Wegnehmen: 97 – 33 = 64

Vergleichen: 600 mL – 400 mL = 200 mL

Typisch für Aufgaben zum Verglei- chen:
Wie viel fehlt noch?
Wie viel mehr hat ...?
Was ist der Unterschied zwischen ...?

Digital+ WES-144656-005

2. Ich kann Subtraktionsaufgaben in Sachsituationen finden und umgekehrt.

Subtraktionsaufgaben darstellen: Zwei Beispiele

Aufgaben zu Längen und Entfernungen kannst du gut am Zahlenstrich darstellen. Er ist mit einem Maßband vergleichbar. Trage die Längen ein und überlege, wie viel noch fehlt.

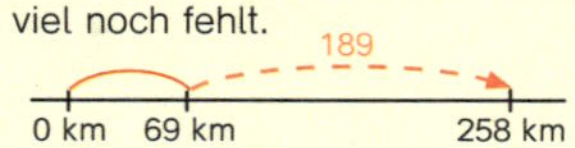

Aufgabe: 258 – 69 = 189

Aufgaben zu Geld kannst du gut mit Scheinen und Münzen darstellen. Das Wegnehmen zeigst du durch Streichen.

Aufgabe: 59 – 23 = 36

a) Schreibe zu den Sachaufgaben passende Aufgaben. Male immer auch ein passendes Bild. Tipp: Achte auf die Bilder im Merkkasten.

Simon möchte auf seiner Radtour 1250 km zurücklegen. Er hat nach einem Tag 95 km geschafft.

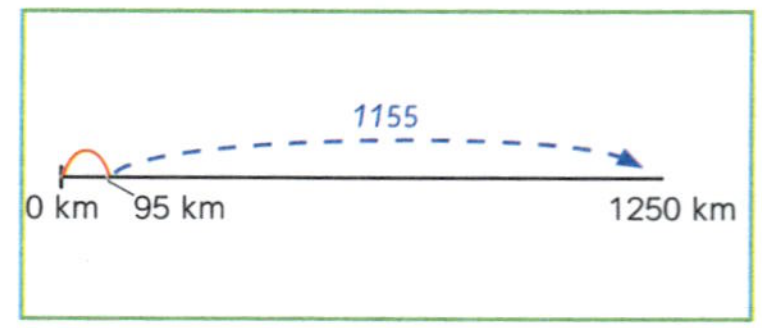

Aufgabe:
1250 km – 95 km = 1155 km

Maja und Murat vergleichen ihre Ersparnisse. Murat hat 856 Euro gespart, Maja hat 970 Euro gespart.

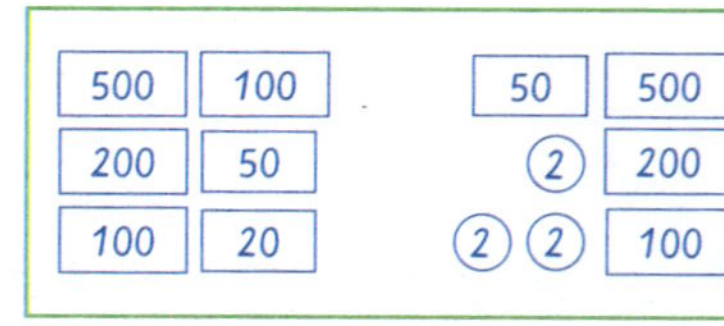

Aufgabe:
970 € – 856 € = 114 €

TIPP
Zeichne das Geld verein- facht:
50
100

b) Schreibe zu den Bildern eine Rechengeschichte.

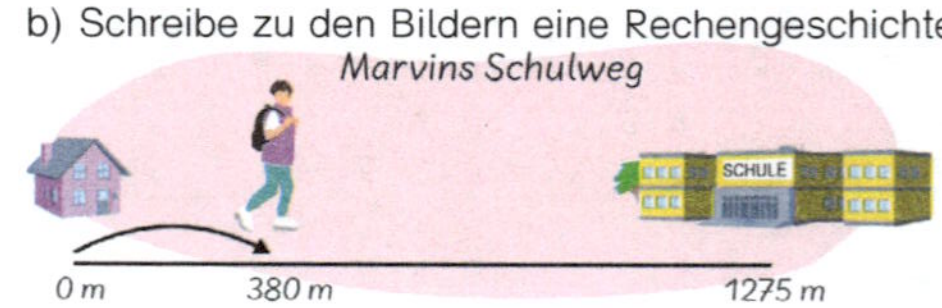

Marvin geht jeden Tag 1275 m zur Schule. Nach 380 m trifft er sich mit Kuno. Wie weit laufen sie dann noch zu zweit?

Ida spart für ein Tablet. Sie hat schon 880 Euro gespart. Wie viel fehlt ihr noch?

Rechen- geschichte: Beschrei- bung für eine Rech- nung, die in einem Bild zu erkennen ist.

3. Ich kann Subtraktionsaufgaben auf verschiedenen Wegen lösen.

Minuend – Subtrahend = Differenz

Digital+ WES-144656-006

Entscheide bei Subtraktionsaufgaben: Löse ich durch Wegnehmen oder Vergleichen? Den Unterschied solltest du kennen. Jetzt geht es um den richtigen Rechenweg.

Wegnehmen

1. Lege den Minuenden.
2. Ziehe schrittweise die einzelnen Stellen ab.
3. Entbündele, wenn es nötig ist.

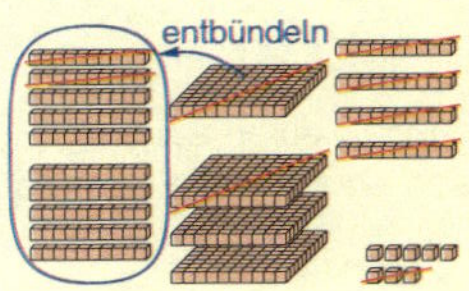

448 – 163 =
448 – 100 = 348
348 – 3 = 345
345 – 60 = 285

Vergleichen/Ergänzen

Minuend und Subtrahend sind nah beieinander. Überlege: Wie viel fehlt? Löse.
Tipp: Ergänze erst bis zum Nachbarhunderter.

a) mit Umkehraufgabe:
512 – 489 = ____ → 489 + 23 = 512
Also ist das Ergebnis: 512 – 489 = 23

b) mit dem Rechenstrich als Umkehraufgabe:

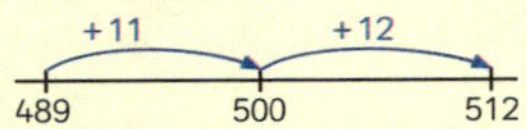

512 – 489 = ____ → 489 + 11 + 12 = 512
Also ist das Ergebnis: 512 – 489 = 23

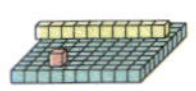

Schrittweise: Erst T abziehen, dann H abziehen, dann Z abziehen, dann E abziehen

a) Löse die Aufgabe schrittweise durch Wegnehmen. Lege zuerst das Dienes-Material in die Sortiertafel für Stellenwerte. Notiere anschließend deinen Lösungsweg halbschriftlich.

3	5	1	–	2	1	3	=	1	3	8		
3	5	1	–	2	0	0	=	1	5	1		
1	5	1	–		1	0	=	1	4	1		
1	4	1	–			3	=	1	3	8		
5	3	0	2	–	2	5	8	0	=	2	7	2	2
5	3	0	2	–	2	0	0	0	=	3	3	0	2
3	3	0	2	–		5	0	0	=	2	8	0	2
2	8	0	2	–			8	0	=	2	7	2	2

4	6	2	7	–	3	2	3	6	=	1	3	9	1
4	6	2	7	–	3	2	0	0	=	1	4	2	7
1	4	2	7	–			3	0	=	1	3	9	7
1	3	9	7	–				6	=	1	3	9	1
4	9	2	3	–	1	2	4	5	=	3	6	7	8
4	9	2	3	–	1	2	0	0	=	3	7	2	3
3	7	2	3	–			4	0	=	3	6	8	3
3	6	8	3	–				5	=	3	6	7	8

b) Aufgaben lassen sich gut durch Vergleichen lösen, wenn Minuend und Subtrahend nahe beieinander liegen. Markiere vier Aufgaben farbig, die du durch Vergleichen lösen würdest.

4376 – 2749	837 – 564	1608 – 1589	1429 – 862
3011 – 2995	805 – 793	7908 – 3249	1012 – 999

Ergänzungsaufgabe: Nutze die Umkehraufgabe aus der Addition.

c) Löse die in b) markierten Aufgaben durch eine Ergänzungsaufgabe. Prüfe erst: Wie viel fehlt bis zum vollen Hunderter / Tausender? Ergänze dann in Schritten im Kopf.

1. 1608 – 1589 = 19 → 1589 + 19 = 1608
2. 3011 – 2995 = 16 → 2995 + 16 = 3011
3. 805 – 793 = 12 → 793 + 12 = 805
4. 1012 – 999 = 13 → 999 + 13 = 1012

d) Löse am Rechenstrich.
Trage Minuend und Subtrahend am Rechenstrich ein.
Überlege dann: Wie viel fehlt vom Minuend bis zum Subtrahend? Ergänze.

811 – 792 = 19

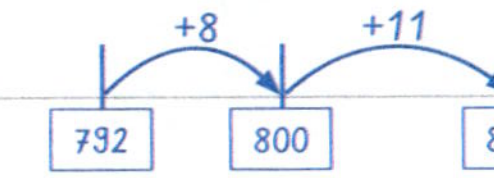

1524 – 1496 = 28

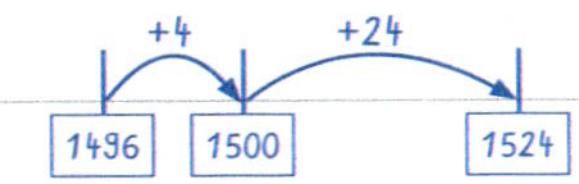

2708 – 2594 = 114

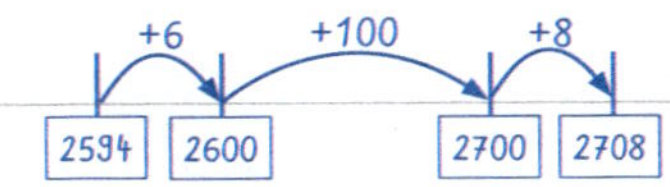

TIPP Der Minuend steht am Rechenstrich rechts vom Subtrahenden.

Aufgaben vereinfachen

Viele Aufgaben kann ich so umformen, dass sie einfacher werden.

13 Äpfel – 9 Äpfel = 4 Äpfel → 14 Äpfel – 10 Äpfel = 4 Äpfel

Ich habe einen Apfel mehr.
Also muss ich auch einen mehr wegnehmen, um auf das gleiche Ergebnis zu kommen.
Diese Rechnung ist hier einfacher, da ich einen vollen 10er abziehe.

e) Löse die folgenden Aufgaben, indem du sie wie im Merkkasten vereinfachst.

Beispiel: 462 – 294 = 168 → 468 – 300 = 168
656 – 137 = 519 → 659 – 140 = 519
861 – 392 = 469 → 869 – 400 = 469
1435 – 118 = 1317 → 1437 – 120 = 1317
3752 – 2394 = 1358 → 3758 – 2400 = 1358

4. Ich kann mich für einen sinnvollen Rechenweg entscheiden.

Digital+ WES-144656-007

a) Löst du die Aufgaben im Kopf, halbschriftlich oder am Rechenstrich? Markiere grün für Kopfrechnen, gelb für halbschriftliches Rechnen und blau für Rechenstrich.

2456 – 845	4811 – 3200	347 – 131	936 – 582
723 – 689	746 – 283	2340 – 230	918 – 892

1. Ich kenne die Grundvorstellungen Wegnehmen und Vergleichen.

- Wegnehmen oder Vergleichen? Verbinde.

Wegnehmen

Vergleichen

- Jil hat zum Shoppen 350 Euro dabei. 185 Euro hat sie bereits ausgegeben.
- Anne pflanzt Blumenzwiebeln. Sie hat 80 Stück. 35 hat die bereits gepflanzt.
- Marks Schulweg ist 1 350 m lang. Unas Schulweg ist 1 180 m lang.
- Joko macht eine Radtour. Er ist bereits 45 km von 95 km gefahren.

2. Ich kann Subtraktionsaufgaben in Sachsituationen finden und umgekehrt.

a) Schreibe zu dem Bild eine passende Aufgabe. Löse.

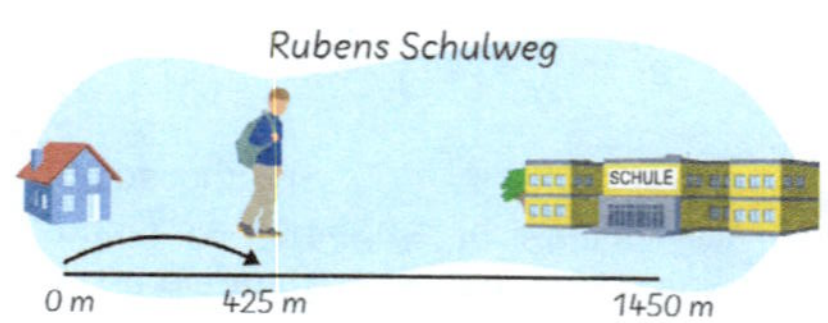

1450 m − 425 m = 1025 m

760 € − 325 € = 435 €

b) Lege die Aufgabe passend mit Dienesmaterial. Löse dann. Zeichne deine Rechnung auf.

438 − 256 = 182

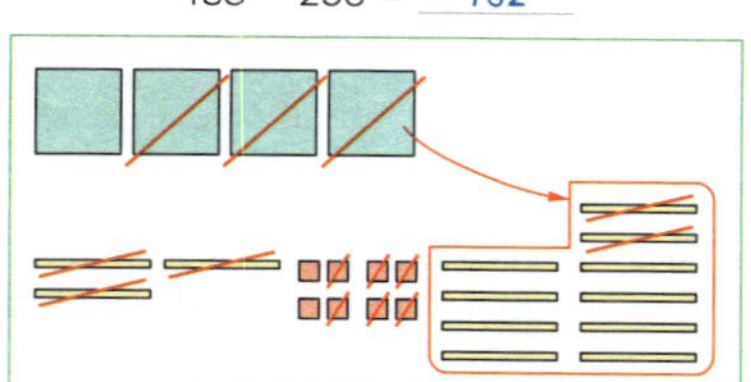

567 − 289 = 278

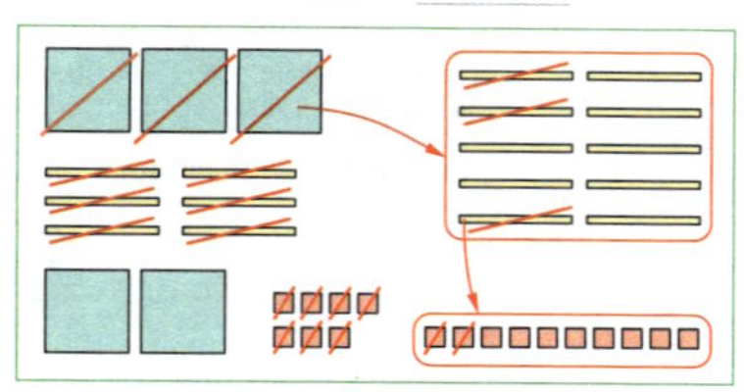

Du kannst die Lösung auch ohne Farbe zeichnen.

3. Ich kann Subtraktionsaufgaben auf verschiedenen Wegen lösen.

a) Schreibe zu den Ergänzungsaufgaben eine passende Subtraktionsaufgabe.

538 + 254 = 792 — 792 − 538 = 254

708 + 287 = 995 — 995 − 708 = 287

639 + 345 = 984 — 984 − 639 = 345

b) Ergänze sinnvoll. Beende die halbschriftlichen Aufgaben.

2	3	9	4	−	6	3	8	=	1	7	5	6		4	5	4	6	−	2	7	8	=	4	2	6	8
2	3	9	4	−	6	0	0	=	1	7	9	4		4	5	4	6	−	2	0	0	=	4	3	4	6
1	7	9	4	−		3	0	=	1	7	6	4		4	3	4	6	−		7	0	=	4	2	7	6
1	7	6	4	−			8	=	1	7	5	6		4	2	7	6	−			8	=	4	2	6	8

4. Ich kann mich für einen sinnvollen Rechenweg entscheiden.

a) Untersuche die Aufgaben. Sind sie leicht, mittel oder schwer? Verbinde.

547 − 283

1 406 − 1 398

5 205 − 3 427

2 671 − 428

Leicht, weil Minuend und Subtrahend nah beieinander sind.

Mittel, weil auch mal entbündelt werden muss.

Schwer, weil die Zahlen groß sind und viel entbündelt werden muss.

8 308 − 8 289

7 309 − 5 762

612 − 597

976 − 758

b) Wähle zwei von den acht Aufgaben aus a). Löse sie am Rechenstrich.

Aufgabe: 612 − 597 = 15

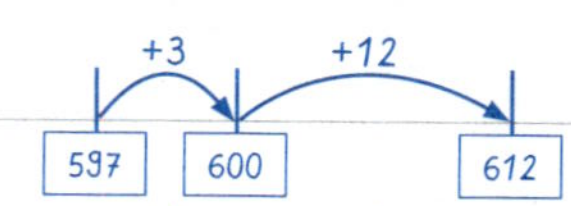

Aufgabe: 1 406 − 1 398 = 8

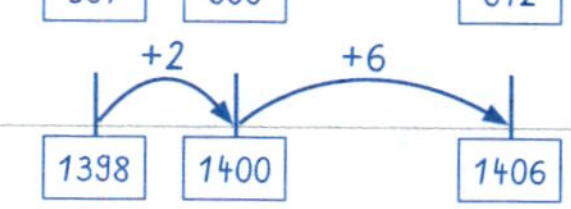

c) Löse eine mittelschwere Aufgabe aus a), indem du sie zuerst vereinfachst.

Aufgabe: 2 671 − 428 = 2 243

Vereinfachte Aufgabe: 2 673 − 430 = 2 243

Multiplikation

1. Ich habe Grundvorstellungen zur Multiplikation.

Nenne zu jedem Punktebild die passende Malaufgabe und das Ergebnis.

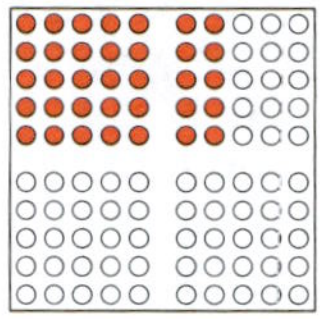

5 · 7

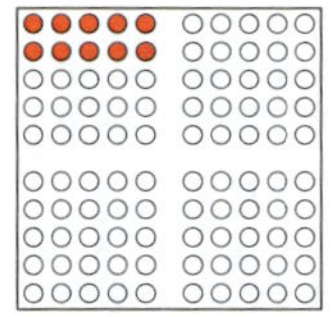

2 · 5

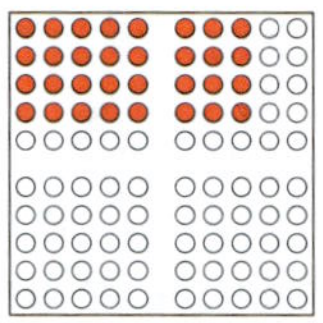

4 · 8

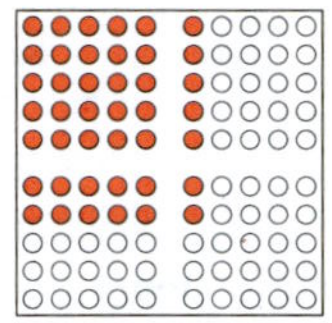

7 · 6

2. Ich kann Multiplikationsaufgaben in Sachsituationen finden und umgekehrt.

Schreibe zu jedem Satz eine passende Aufgabe.

Paul isst jeden Tag in der Woche zwei Brötchen.	Mia hat 15 Sticker. Ihre Freundin Sarah hat dreimal so viele.	Lukas kauft vier Beutel Orangen mit jeweils fünf Stück.
7 · 2	3 · 15	4 · 5

3. Ich kann Aufgaben auf verschiedenen Wegen lösen.

a) Notiere zuerst die Kernaufgabe. Löse dann.

9 · 4 = 36	7 · 8 = 56	6 · 7 = 42	4 · 7 = 28
9 · 5 = 45	8 · 8 = 64 oder 7 · 7 = 49	7 · 7 = 49 6 · 6 = 36	5 · 7 = 35

b) Nutze das Assoziativgesetz und rechne die leichte Aufgabe zuerst.

3 · 70 = 210	40 · 9 = 360	20 · 80 = 1600	600 · 5 = 3000
3 · 7 = 21	4 · 9 = 36	2 · 8 = 16	6 · 5 = 30

TIPP
Kern-aufgabe: Aufgabe aus der 1er, 2er, 5er 10er-Reihe

TIPP
Assoziativ-gesetz:
Bei z. B. der Multiplikation 5 · 8 · 10 ist es für die Gesamtlösung egal, ob du zuerst 5 · 8 oder zuerst 8 · 10 berechnest.

c) Löse die Aufgaben. Schreibe deine Teilschritte auf.

417 · 5 = 2085

400 · 5 = 2000
10 · 5 = 50
7 · 5 = 35
2000 + 50 + 35 = 2085

199 · 8 = 1592

200 · 8 = 1600
1600 − 8 = 1592

283 · 6 = 1698

200 · 6 = 1200
80 · 6 = 480
3 · 6 = 18
1200 + 480 + 18 = 1698

50 · 77 = 3850

50 · 70 = 3500
50 · 7 = 350
3500 + 350 = 3850

4. Ich kann mich für einen sinnvollen Rechenweg entscheiden.

Zeichne die Aufgabe 12 · 15 am 400er Punktefeld ein und schreibe die Teilaufgaben auf

10 · 10 = 100
2 · 10 = 20
10 · 5 = 50
2 · 5 = 10

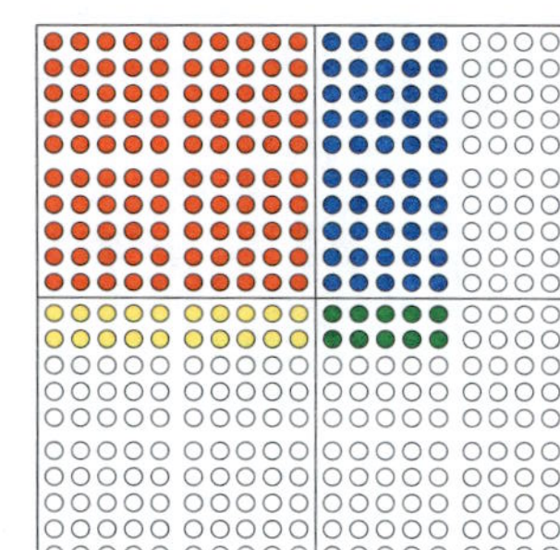

Digital+ WES-144656-009

1. Ich kenne Grundvorstellungen zur Multiplikation.

Eine Malaufgabe kannst du am Punktefeld darstellen, indem du die Anzahl der Reihen mal der Punkte pro Reihe nimmst.

Hier siehst du die Aufgabe 5 · 8, also 5 Reihen mit 8 Punkten.

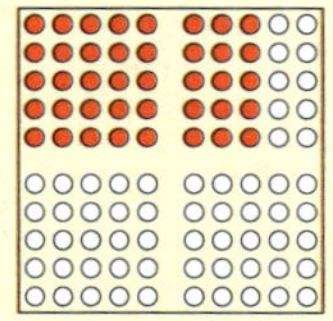

TIPP Punktefeld: 10 Reihen mit 10 Punkten zum Darstellen von Malaufgaben

Zeichne die Malaufgaben in das Punktefeld ein.

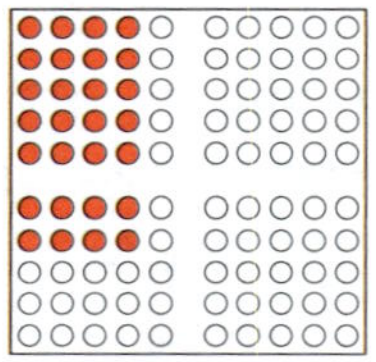

7 · 4

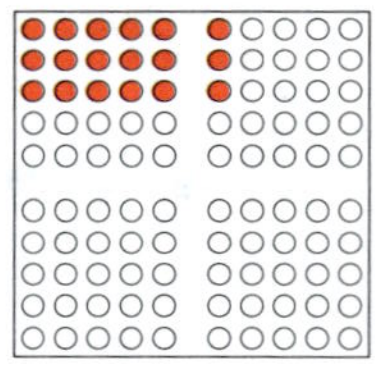

3 · 6

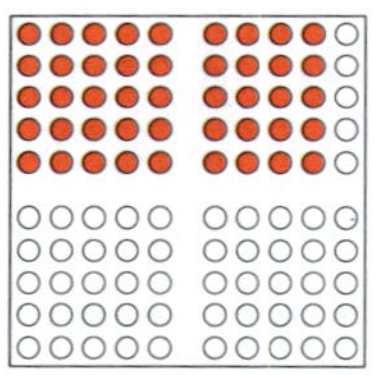

5 · 9

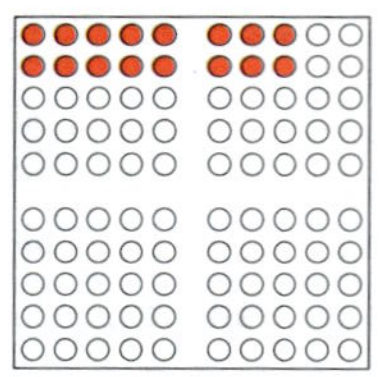

2 · 8

Digital+ WES-144656-005

2. Ich kann Multiplikationsaufgaben in Sachsituationen finden und umgekehrt.

a) Unterstreiche in den Sätzen zuerst die Informationen, die auf eine Malaufgabe hinweisen. Zeichne dann ein passendes Bild dazu. Es kann auch ein Punktebild sein.

Im Sportunterricht werden 5 Dreiergruppen gebildet.	Jan hat 6 Körbe geworfen. Paul hat 5-mal so oft den Korb getroffen.	Mama schneidet den Kuchen in 3 Reihen mit jeweils 8 Stücken.

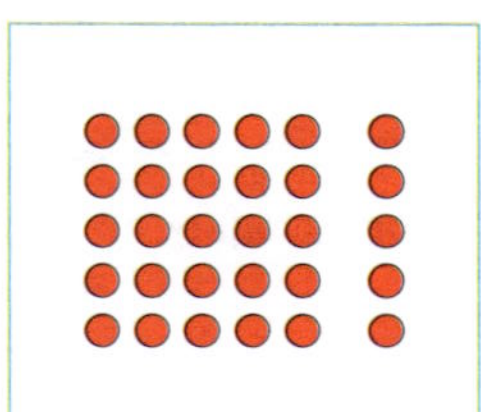

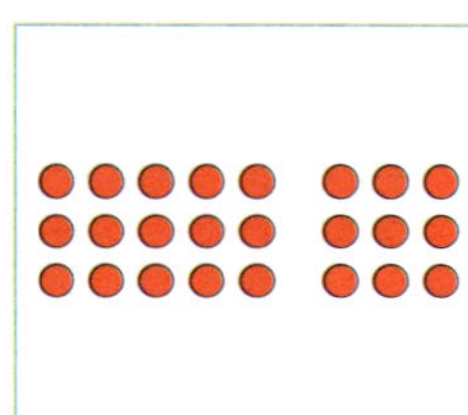

b) Erfinde zu den folgenden Aufgaben eine passende Sachsituation.

7 · 8

Am Schulhaus gibt es 7 Reihen mit jeweils 8 Fenstern.

12 · 25

An der Schule gibt es 12 Klassen mit jeweils 25 Schülern.

3. Ich kann Malaufgaben auf verschiedenen Wegen lösen.

Als Kernaufgaben bezeichnet man die Aufgaben der 1er-, 2er-, 5er- und 10er-Reihe. Außerdem gehören die Quadrataufgaben 1 · 1, 2 · 2, 3 · 3 usw. dazu.

Wenn du die Kernaufgaben auswendig kennst, kannst du dir schwierigere Aufgaben daraus ableiten.

Bespiel: 5 · **6** = 30 weil 5 · **5** = 25 und 5 · **1** = 5 sind

TIPP Kernaufgabe: Aufgabe aus der 1er, 2er, 5er, 10er-Reihe und die Quadrataufgaben

a) Löse die Kernaufgaben der 4er-Reihe.

1 · 4 = 4 2 · 4 = 8 4 · 4 = 16 5 · 4 = 20 10 · 4 = 40

b) Löse nun die restlichen Quadrataufgaben.

2 · 2 = 4 5 · 5 = 25 7 · 7 = 49 9 · 9 = 81

3 · 3 = 9 6 · 6 = 36 8 · 8 = 64 10 · 10 = 100

c) Finde die passende Kernaufgabe und verbinde.

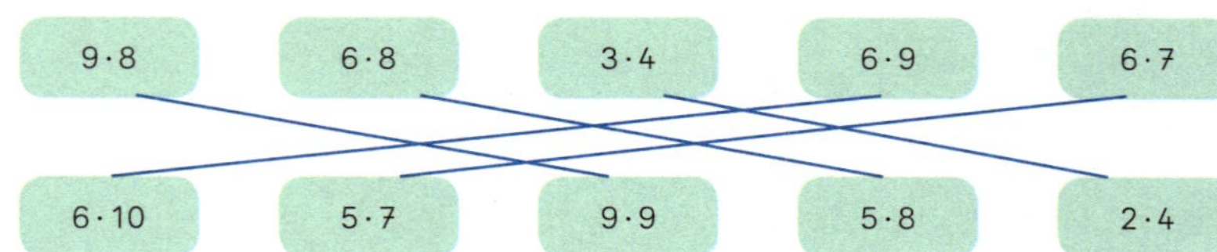

d) Zerlege zuerst die Zehnerzahl wie im Beispiel und rechne dann.

3 · **90** = 3 · **9** · **10** oder **700** · 4 = **7** · **100** · 4

6 · 80 = 480 500 · 7 = 3 500 90 · 5 = 450 5 · 600 = 3 000

6 · 8 · 10 = 480 5 · 7 · 100 = 3 500 9 · 5 · 10 = 450 5 · 6 · 100 = 3 000

Beim halbschriftlichen Rechnen schreibst du alle Teilschritte auf. Du kannst die Zahl beim Rechnen in Einer, Zehner und Hunderter zerlegen aber auch alle anderen Aufgaben nutzen, die du leicht rechnen kannst. Das hängt oft von der Aufgabe ab.

Zum Beispiel:

715 · 3	700 · 3 = 2100; **10** · 3 = 30; 5 · 3 = 15	2100 + 30 + 15 = 2145
499 · 6	500 · 6 = 3000; 1 · 6 = 6	3000 − 6 = 2994
75 · 50	75 · 100 = 7500	7500 : 2 = 3750

e) Löse die Aufgaben auf deinem Weg.

258 · 3 = 774

200 · 3 = 600
50 · 3 = 150
8 · 3 = 24

699 · 7 = 4893

700 · 7 = 4900
4900 − 7 = 4893

50 · 412 = 20600

100 · 412 = 41200
41200 : 2 = 20600

925 · 8 = 7400

900 · 8 = 7200
20 · 8 = 160
5 · 8 = 40

f) Bilde mit den abgebildeten Ziffern zweistellige Zahlen in einer Multiplikationsaufgabe. Nutze das Legematerial.
Multiplikation mit:

dem größten Produkt: 41 · 32

dem zweitgrößten Produkt: 42 · 31

Tipp: Schreibe dir deine Rechnungen mit Teilschritten auf.

40 · 30 = 1200
40 · 2 = 80
1 · 30 = 30
1 · 2 = 2
1200 + 80 + 30
+ 2 = 1312

40 · 30 = 1200
40 · 1 = 40
2 · 30 = 60
1 · 2 = 2
1200 + 40 + 60
+ 2 = 1302

4. Ich kann mich für einen sinnvollen Rechenweg entscheiden.

a) Hier siehst du die Aufgabe 13 · 16 am Punktefeld.
Rechne alle Teilaufgaben im Malkreuz aus.

•	10	6
10	100	60
3	30	18

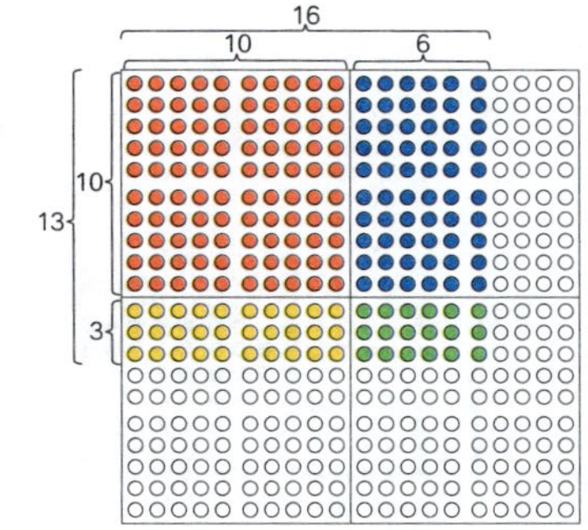

Lösung: 13 · 16 = 100 + 60 + 30 + 18 = 208

b) Welche Aufgabe ist am Punktefeld dargestellt? Zerlege die Faktoren und trage sie in das Malkreuz ein.
Rechne alle Teilaufgaben aus.

•	10	4
10	100	40
6	60	24

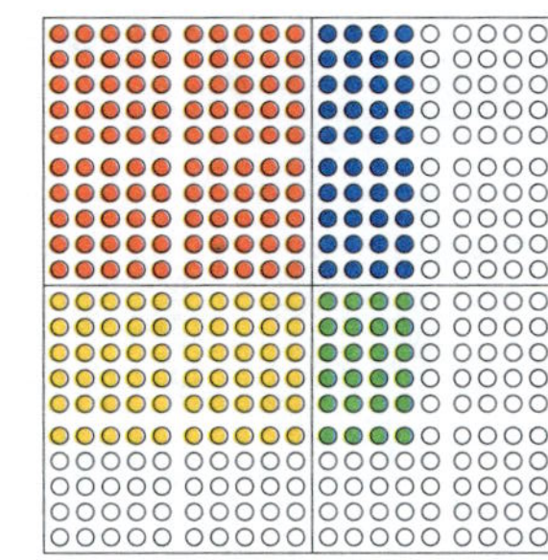

Lösung: 16 · 14 = 100 + 40 + 60 + 24 = 224

c) Trage die Aufgabe 15 · 17 in das Punktefeld ein. Berechne alle Teilaufgaben im Malkreuz. Addiere rechts neben der Tabelle immer zwei Teilaufgaben. Die Farben helfen dir.
Die Summe daraus ist das Gesamtergebnis.
Addiere unter jeder Spalte immer zwei Teilaufgaben. Die Summe daraus ist auch das Gesamtergebnis. Trage es ein.

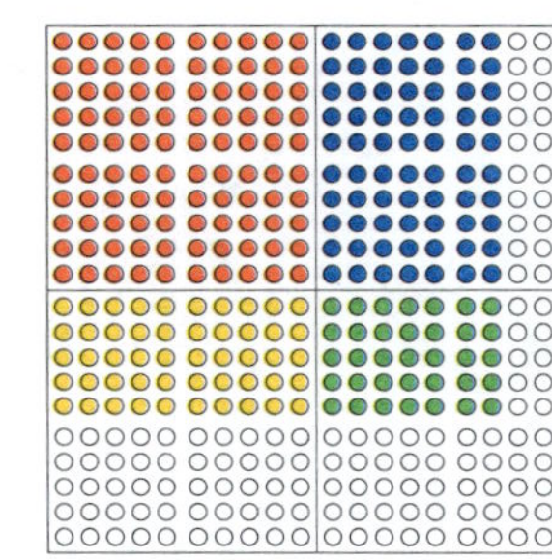

•	10	7	
10	100	70	100 + 70 = 170
5	50	35	+ 50 + 35 = 105
	100 + 50 = 150	+ 70 + 35 = 105	255

TIPP
Mit dem Malkreuz kannst du Aufgaben aus dem großen Einmaleins gut berechnen.

1. Ich habe Grundvorstellungen zur Multiplikation.

Verbinde das Punktebild mit der richtigen Aufgabe.

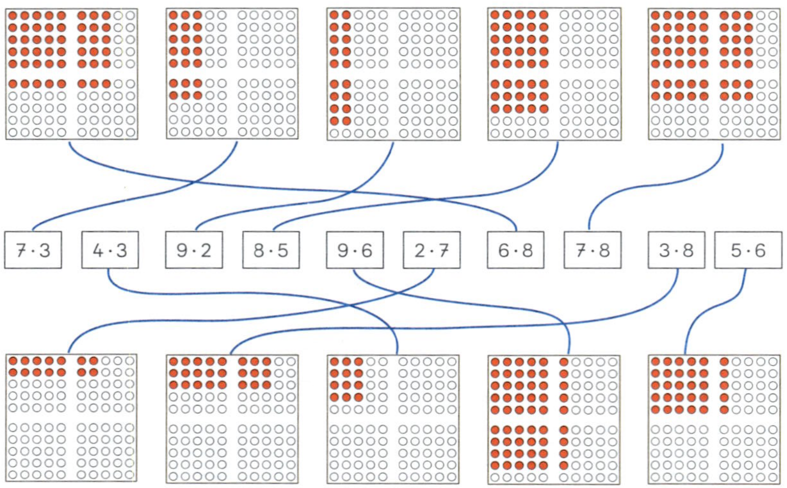

2. Ich kann Multiplikationsaufgaben in Sachkontexten lösen und umgekehrt.

In die Klasse 5a gehen 23 Kinder. Nächste Woche wollen sie ins Kino gehen. Dazu müssen sie mit dem Bus fahren. Eine Fahrkarte kostet 2 Euro.

a) Berechne die Kosten für den Bus.

Rechnung: 23 · 2 € = 46 €

Antwort: Die Busfahrt kostet 46 €.

b) Berechne die Kosten für die Kinokarten der Klasse.

Rechnung: 23 · 5 € = 115 €

Antwort: Die Kinokarten kosten 115 €.

c) Die Klasse wird von Frau Krüger und Pauls Mutter begleitet. Berechne den Preis für die Kinokarten der Erwachsenen.

Rechnung: 2 · 8 € = 16 €

Antwort: Die Kinokarten der Erwachsenen kosten 16 €.

3. Ich kann Multiplikationsaufgaben auf verschiedenen Wegen lösen.

a) Ingo rechnet so:

$70 \cdot 60 = 7 \cdot 10 \cdot 6 \cdot 10$

$7 \cdot 6 = 42$

$10 \cdot 10 = 100$

$42 \cdot 100 = 4200$

Beschreibe Ingos Rechenweg und erkläre, warum er so rechnen darf.

Ingo zerlegt zuerst die 70 in 7 · 10 und die 60 in 6 · 10.

Dann berechnet er 7 · 6 und 10 · 10.

Er darf so rechnen, weil er zum Schluss die Ergebnisse der Aufgaben multipliziert.

b) Jan rechnet die Aufgabe 16 · 19 mit einer Hilfsaufgabe. An welcher Stelle hat er einen Fehler gemacht? Streiche durch und notiere das richtige Ergebnis daneben.

16 · 20 = 320
16 · 1 = 16
16 · 19 = ~~336~~

16 · 19 = 304

4. Ich kann mich für einen sinnvollen Rechenweg entscheiden.

Lisa rechnet die Aufgabe 13 · 17.
Als Ergebnis erhält sie 121. Kontrolliere ihre Rechnungen und korrigiere sie.

·	10	7	
10	100	70	170
3	30	21	+ 51
	130 +	91	221

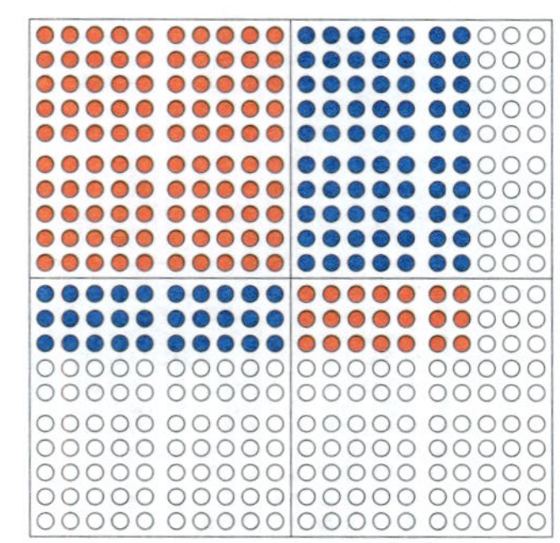

Division

1. Ich kenne die Grundvorstellung Verteilen und Aufteilen.

a) In welchen Situationen wird geteilt? Färbe die Aufgaben ein, die auf eine Teilungsaufgabe hinweisen.

Die Klasse 3c bildet 4er-Gruppen.	Ben hat einen Kuchen gebacken. Er schneidet ihn in 16 Stücke.	Herr Graf kauft 6 Kugelschreiber. Einen gibt er zurück.
Josi legt von den 22 Aufgabenblättern immer zwei Stück auf einen Tisch.	Murat sortiert seine Bücher. Er macht drei Stapel mit je 8 Büchern.	Amy kauft eine Zeitung. Sie zahlt mit zwei 2 €-Münzen und einer 1 €-Münze.

b) Aufteilen oder verteilen? Kreuze an.
Beim Aufteilen und Verteilen werden immer gleichgroße Portionen aus einer Gesamtmenge gebildet. Beim Aufteilen ist die Größe der Portionen bekannt. Beim Verteilen ist die Anzahl der Portionen bekannt.

	Aufteilen	Verteilen
Line packt von ihren 24 Bonbons immer 6 Stück in eine Tüte.	X	
Jury und Selin teilen die Gummibärchen gerecht unter sich auf.		X
Tim geht joggen. Er läuft 4 km. Immer nach 500 m macht er eine kleine Pause.	X	
Die 27 Kinder der 4b bilden im Sport 3er-Gruppen zum Aufwärmen.	X	
Olga verteilt gerecht 18 Mandarinen in 2 Obstschalen.		X

2. Ich kann Divisionsaufgaben in Sachsituationen finden und umgekehrt.

Male zu den Aufgaben ein passendes Bild.
Tipp: Du kannst auch ein Punktebild malen.

30 : 6 = 5

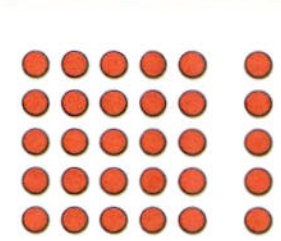

42 : 7 = 6

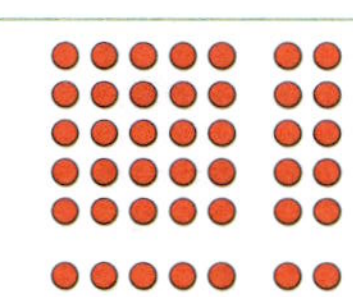

16 : 4 = 4

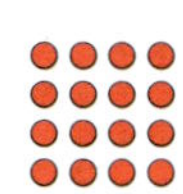

3. Ich kann Divisionsaufgaben auf verschiedenen Wegen lösen.

Die Division kann man auch als Umkehrung der Multiplikation sehen.
Ordne den Punktebildern je zwei Multiplikationsaufgaben und je zwei Divisionsaufgaben zu.

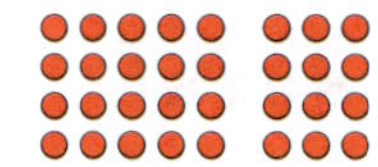

1) 4 · 8
2) 8 · 4
3) 32 : 4
4) 32 : 8

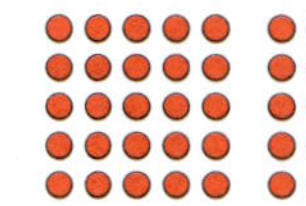

1) 5 · 7
2) 7 · 5
3) 35 : 5
4) 35 : 7

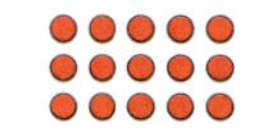

1) 3 · 6
2) 6 · 3
3) 18 : 3
4) 18 : 6

Nutze die Rechenvorteile. Notiere immer die Kernaufgabe. Löse dann.

63 : 7 = 9	96 : 8 = 12	36 : 4 = 9	27 : 3 = 9
70 : 7	80 : 8	40 : 4	30 : 3

Löse die Aufgaben. Zerlege in sinnvolle Teilaufgaben.

78 : 6 = 13	112 : 7 = 16	136 : 8 = 17
60 : 6 = 10	70 : 7 = 10	80 : 8 = 10
18 : 6 = 3	42 : 7 = 6	56 : 8 = 7

4. Ich kann mich für einen sinnvollen Rechenweg entscheiden.

Löst du die Aufgaben im Kopf, halbschriftlich oder am Rechenstrich?
Markiere grün für Kopfrechnen, gelb für halbschriftliches Rechnen und blau für das Rechnen am Rechenstrich.

360 : 9	865 : 5	45 : 5	69 : 3
238 : 7	132 : 11	14 : 7	924 : 6

Digital+
WES-144656-010

1. Ich kenne die Grundvorstellung Verteilen und Aufteilen.

Aufteilen und verteilen unterscheiden

Schau, was beim Aufteilen und beim Verteilen mit den Dingen passiert. Sie werden ganz anders geteilt.

Aufteilen

Immer zwei werden auf einen Teller gelegt. Wie viele Teller sind es am Ende?

Verteilen

Vier Teller stehen da. Reihum werden die Äpfel verteilt. Wie viele sind es am Ende pro Teller?

Spiele nach. Notiere dann die Aufgabe mit Lösung.

Aufteilen: Nimm dir 15 Stifte. Lege immer 3 Stifte auf einen Haufen. Wie viele Haufen kannst du bilden?

Die passende Aufgabe lautet: 15 : 3 = 5

Verteilen: Male insgesamt 48 Punkte auf das Blatt Papier.Verteile sie gleichmäßig auf acht Reihen. Wie viele Punkte sind in einer Reihe?

Die passende Aufgabe lautet: 48 : 8 = 6

Verteilen: Nimm 16 Dienes-Einer. Verteile sie auf vier Haufen. Wie viele Einer sind auf einem Haufen?

Die passende Aufgabe lautet: 16 : 4 = 4

Aufteilen: Nimm 14 Dienes-Zehner. Lege immer zwei Stück auf einen Haufen. Wie viele Haufen kannst du bilden?

Die passende Aufgabe lautet: 14 : 2 = 7

2. Ich kann Divisionsaufgaben in Sachsituationen finden und umgekehrt.

Digital+
WES-144656-005

a) Male zu den Aufgaben ein passendes Bild.
Tipp: Stelle dir die Aufgabe mit Dienes vor.

15 : 3 = 5

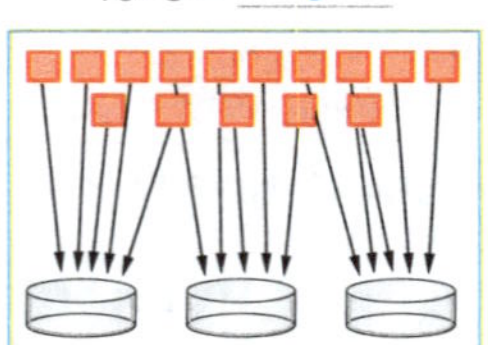

12 : 4 = 3

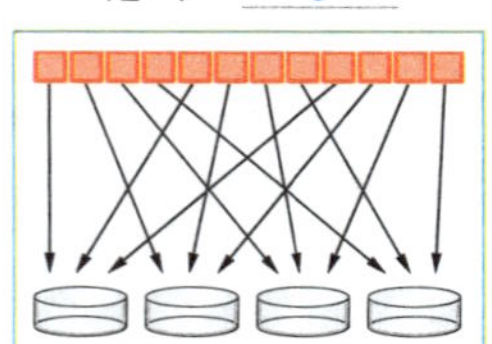

330 : 3 = 110

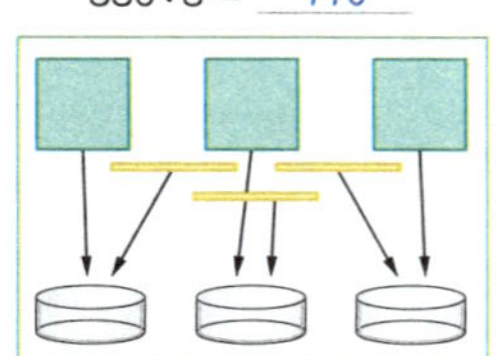

b) Schreibe zu der Rechenaufgabe immer eine passende Sachaufgabe.

63 : 7 = 9 — Jan hat in 63 Tagen Geburtstag. Wie viele Wochen muss er noch warten?

36 : 12 = 3 — Michael hat 36 Bonbons und möchte sie gleichmäßig mit seinen 12 Freunden teilen. Wie viele Bonbons bekommt jeder Freund?

3. Ich kann Divisionsaufgaben auf verschiedenen Wegen lösen.

Die Division und die Multiplikation gehören zusammen. Du kannst eine Situation oder ein Bild einmal als eine Teilungshandlung oder als Malaufgabe verstehen. Schaue dir das Bild an.

Ich sehe 3 Reihen mit je 4 Punkten.
Es sind 3 · 4 = 12 Punkte.

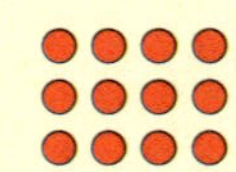

Ich sehe 12 Punkte. Immer 4 Punkte sind in einer Reihe. Es sind 12 : 4 = 3 Reihen.

a) Finde im Punktefeld eine Divisionsaufgabe. Begründe, warum sie passt.

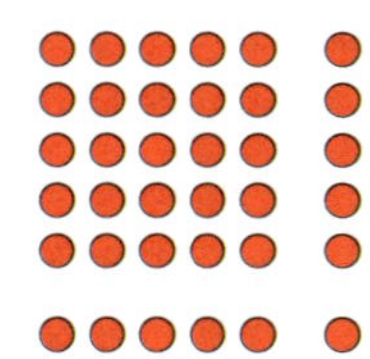

Die Aufgabe heißt 36 : 6 = 6
und passt, weil
ich 36 Punkte sehe. Immer 6 Punkte sind in einer Reihe. Es sind 36:6 Reihen.

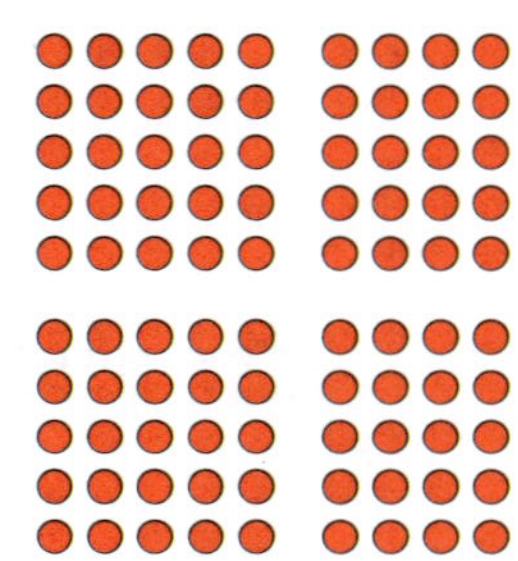

Die Aufgabe heißt: 90 : 10 = 9
und passt, weil
ich 90 Punkte sehe. Immer 9 Punkte sind in einer Reihe. Es sind 90:9 Reihen.

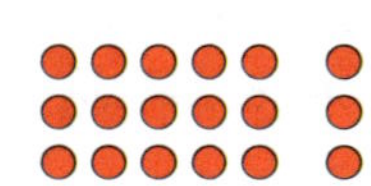

Die Aufgabe heißt: 18 : 6 = 3
ich 18 Punkte sehe. Immer 6 Punkte sind in einer Reihe. Es sind 18:6 Reihen.

Kernaufgabe: eine leichte Aufgabe, die dir hilft, eine schwere Aufgabe zu lösen.

b) Für welche Aufgaben helfen dir welche Kernaufgaben? Verbinde.
Achtung: Zu einer Kernaufgabe können mehrere Aufgaben gehören.

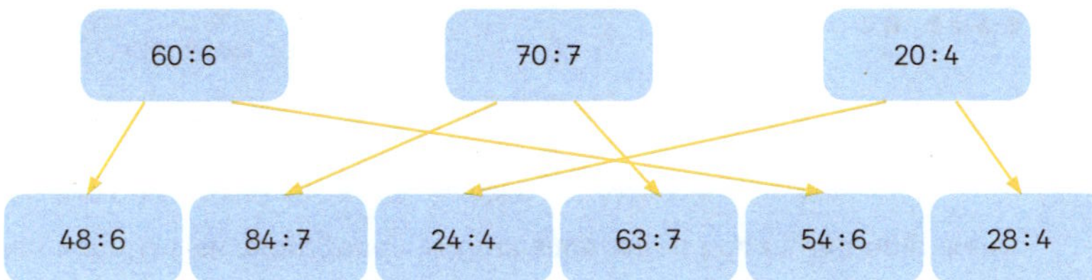

c) Markiere im Punktebild immer erst die leichte Kernaufgabe. Finde dann die Aufgabe zum gesamten Punktebild.

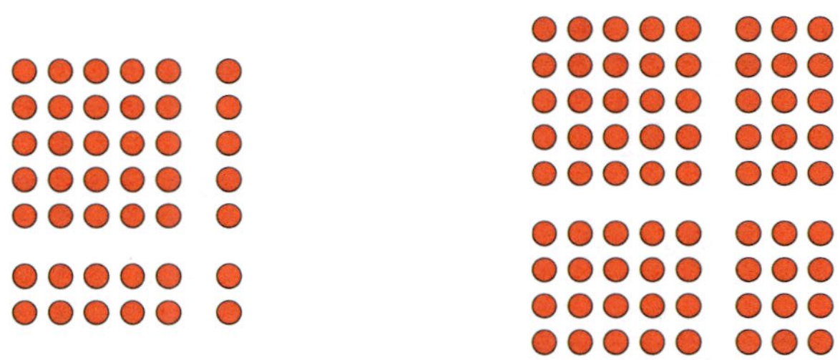

Kernaufgabe: 30 : 6 = 5
Aufgabe: 42 : 6 = 7

Kernaufgabe: 80 : 8 = 10
Aufgabe: 72 : 8 = 9

d) Löse die Aufgaben. Zerlege in sinnvolle Teilaufgaben.
Tipp: Lege erst mit Dienes-Material. Schau dir vorher noch einmal das Video an.

78 : 6 = 13   112 : 7 = 16   136 : 8 = 17

60 : 6 = 10   70 : 7 = 10   80 : 8 = 10
18 : 6 = 3   42 : 7 = 6   56 : 8 = 7

e) Sieh dir die Bilderfolge zum Teilen mit Dienes-Material an. Schreibe zu jedem Bild, was passiert.

Die Aufgabe ist 435 : 3 = ___
Hier ist das Dienes-Material zu sehen, das verteilt werden soll.

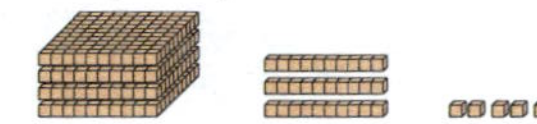

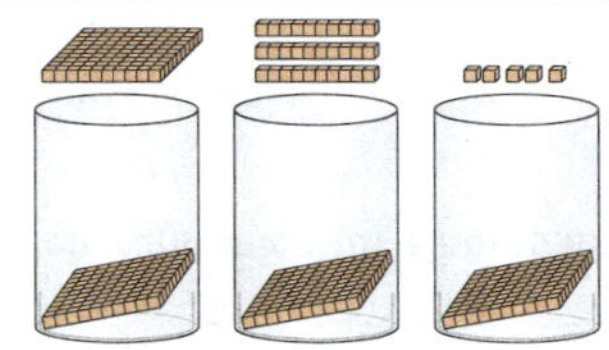

1. Bild:
Jeder kriegt einen Hunderter.

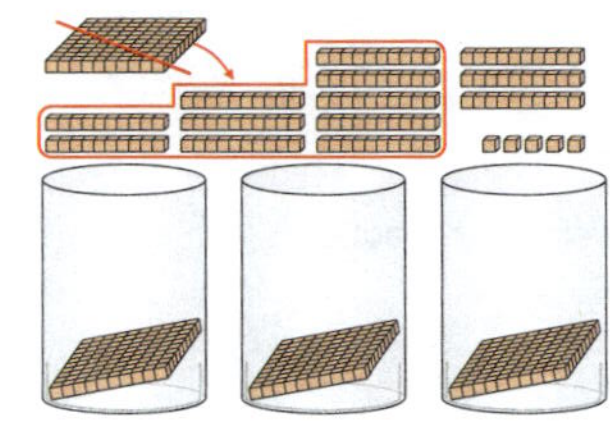

2. Bild:
Der übrige Hunderter wird entbündelt.
Nun sind es 13 Zehner und 5 Einer.

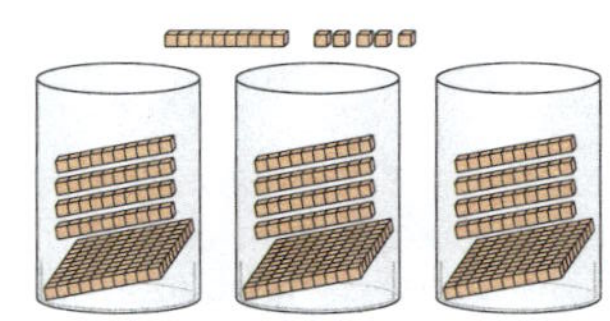

3. Bild:
Jeder kriegt 4 Zehner. 1 Zehner und 5 Einer sind übrig.

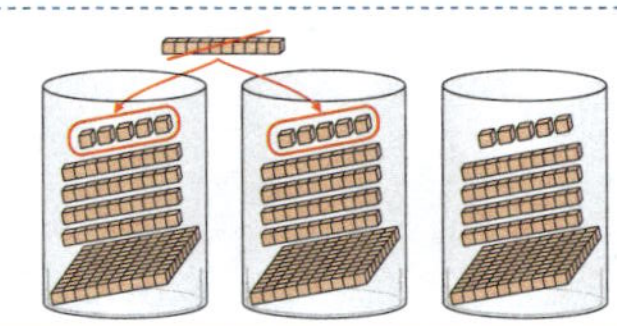

4. Bild:
Der letzte Zehner wird entbündelt.
15 Einer werden restlos verteilt. Jeder kriegt 5.

4. Ich kann mich für einen sinnvollen Rechenweg entscheiden.

Im Kopf, halbschriftlich oder schriftlich? Untersuche die Aufgaben.
Kreuze an: K für Kopfrechnen, H für halbschriftlich, S für schriftlich.

- Nutze das 100er-Punktefeld. Welche Aufgaben kannst du hier darstellen? Diese Aufgaben kannst du im Kopf rechnen.
- Welche Aufgaben haben 4 Stellen oder werden durch eine zweistellige Zahl geteilt? Diese Aufgaben sind zum schriftlichen Rechnen.
- Welche Aufgaben teilen eine Menge kleiner als 1 000 durch eine einstellige Zahl? Diese Aufgaben sind gut zum halbschriftlichen Rechnen.

1 344 : 12		
K	H	**S** (markiert)

77 : 7		
K (markiert)	H	S

726 : 6		
K	**H** (markiert)	S

54 : 9		
K (markiert)	H	S

1 944 : 8		
K	H	**S** (markiert)

Digital+
WES-144656-007

1. Ich kenne die Grundvorstellung Verteilen und Aufteilen.

a) In welcher Situation wird geteilt? Schreibe unter die Divisionsaufgabe immer eine Rechenaufgabe.

Die Schüler sitzen an Vierertischen. Es stehen insgesamt 6 Tische im Raum.

In der Aula verteilen sich die 120 Kinder in 8 gleichlange Reihen.

120 : 8 = 15

Jona hat pro Woche 210 min Medienzeit. Er verteilt die Zeit gleichmäßig auf alle Tage.

210 min : 7 = 30 min

In der 6b zeichnen die 22 Kinder in Geometrie jeweils 7 Vierecke.

b) Aufteilen oder verteilen? Kreuze an.

	Aufteilen	Verteilen
Jan teilt gerecht die 28 Bastelbögen auf. Er legt sie nacheinander auf die 7 Tische.		X
Timur macht in Etappen eine 27 km – Wanderung. Jede Etappe ist 3 km lang.	X	
In den 90 min Matheunterricht sollen die Schüler alle 15 min eine neue Lernstation besuchen.	X	
Lea füllt ihre frisch gebackenen Kekse in Tüten. Es sind 800 g. Immer 100 g sollen in einer Tüte sein.	X	
Paolo und Luna teilen sich gerecht die 18 Kekse aus der Tüte.		X

2. Ich kann Divisionsaufgaben in Sachsituationen finden und umgekehrt.

Schreibe zur Sachsituation eine Aufgabe auf. Male ein passendes Bild.

Sachsituation:	Aufgabe:	Bild:
Für ein Fest möchte die 5c 55 Kraniche falten. Es sind 11 Schülerinnen und Schüler. Wie viele Kraniche muss jeder falten?	55 : 11 = 5	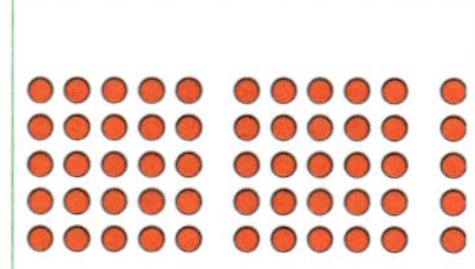

3. Ich kann Divisionsaufgaben auf verschiedenen Wegen lösen.

a) Ordne den Punktebildern jeweils eine Division- und eine Malaufgabe zu.

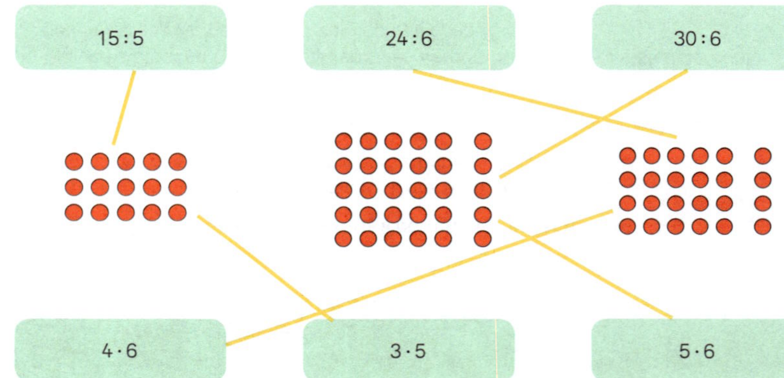

b) Nutze die Rechenvorteile.
Notiere zu den Kernaufgaben immer zwei Aufgaben, die du mit der Kernaufgabe lösen kannst.

60 : 6 = 10	20 : 4 = 5	40 : 8 = 5	90 : 9 = 10
66 : 6 = 11	28 : 4 = 7	48 : 8 = 6	99 : 9 = 11
54 : 6 = 9	16 : 4 = 4	32 : 8 = 4	81 : 9 = 9

c) Löse die Aufgaben. Zerlege in sinnvolle Teilaufgaben.

144 : 6 = 24	231 : 7 = 33	172 : 4 = 43
120 : 6 = 20	210 : 7 = 30	160 : 4 = 40
24 : 6 = 4	21 : 7 = 3	12 : 4 = 3

4. Ich kann mich für einen sinnvollen Rechenweg entscheiden.

Betrachte die Aufgaben. Löse nur die Aufgaben, die du leicht findest.

488 : 8 = 61

729 : 9 = 81

984 : 6 = 164

600 : 5 = 120

Löser zur
ISBN 978-3-14-**144656**-2

www.westermann.de